DELHI
KATHMANDU
JAIPUR
AGRA
JODHPUR
GWALIOR
LUCKNOW
GORAKHPUR
BAGDOGRA
KANPUR
ALLAHABAD
PATNA
UDAIPUR
VARANASI
KHAJURAHO
RAJKOT
AHMEDABAD
BHOPAL
JABALPUR
RANCHI
VADODARA
INDORE
DACCA
CALCUTT
RBANDER
KESHOD
BHAVNAGAR
NAGPUR
RAIPUR
BHUBANESHWAR
BOMBAY
AURANGABAD
PUNE
HYDERABAD
VISAKHAPATNAM
VIJAYAWADA
DABOLIM
BELGAUM
TIRUPATI
MANGALORE
BANGALORE
MADRAS
COIMBATORE
TIRUCHIRAPALLI
COCHIN
MADURAI
TRIVANDRUM

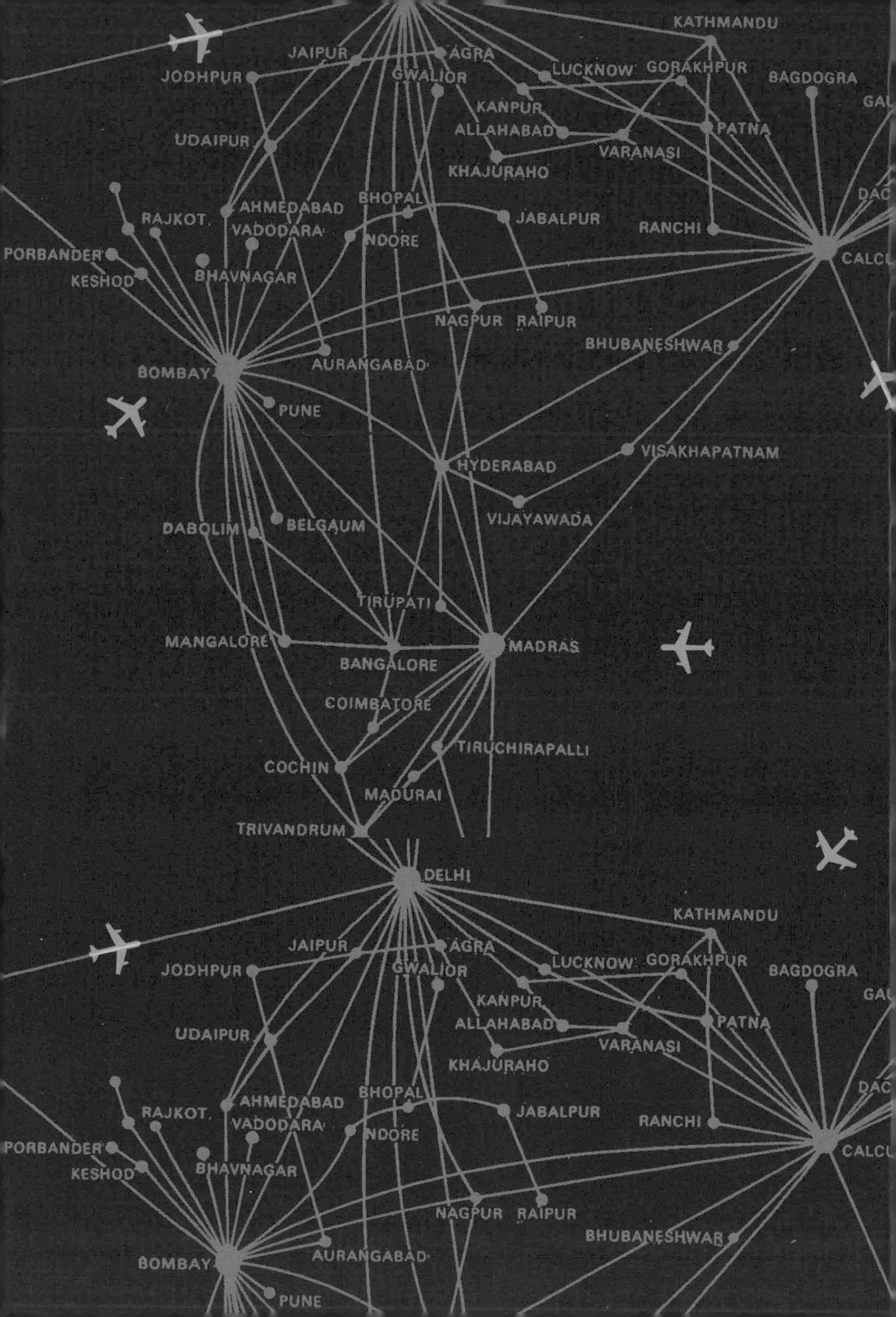
KATHMANDU
JAIPUR
AGRA
JODHPUR
GWALIOR
LUCKNOW
GORAKHPUR
BAGDOGRA
KANPUR
ALLAHABAD
PATNA
UDAIPUR
VARANASI
KHAJURAHO
BHOPAL
AHMEDABAD
RAJKOT
JABALPUR
RANCHI
VADODARA
INDORE
PORBANDER
KESHOD
BHAVNAGAR
NAGPUR
RAIPUR
BHUBANESHWAR
BOMBAY
AURANGABAD
PUNE
VISAKHAPATNAM
HYDERABAD
VIJAYAWADA
DABOLIM
BELGAUM
TIRUPATI
MANGALORE
MADRAS
BANGALORE
COIMBATORE
TIRUCHIRAPALLI
COCHIN
MADURAI
TRIVANDRUM
DELHI
KATHMANDU
JAIPUR
AGRA
JODHPUR
GWALIOR
LUCKNOW
GORAKHPUR
BAGDOGRA
KANPUR
ALLAHABAD
PATNA
UDAIPUR
VARANASI
KHAJURAHO
BHOPAL
AHMEDABAD
RAJKOT
JABALPUR
RANCHI
VADODARA
INDORE
PORBANDER
KESHOD
BHAVNAGAR
NAGPUR
RAIPUR
BHUBANESHWAR
BOMBAY
AURANGABAD
PUNE

噴射機引擎的科學

噴射機如何產生動力
又是如何讓飛機飛上天？

中村寬治◎著　溫欣潔◎譯

晨星出版

WOW！知的狂潮

　　廿一世紀，網路知識充斥，知識來源十分開放，只要花十秒鐘鍵入關鍵字，就能搜尋到上百條相關網頁或知識。但是，唾手可得的網路知識可靠嗎？我們能信任它嗎？

　　因為無法全然信任網路知識，我們興起探索「真知識」的想法，亟欲出版「專家學者」的研究知識，有別於「眾口鑠金」的口傳知識；出版具「科學根據」的知識，有別於「傳抄轉載」的網路知識。

　　因此，「知的！」系列誕生了。

　　「知的！」系列裡，有專家學者的畢生研究、有讓人驚嘆連連的科學知識、有貼近生活的妙用知識、有嘖嘖稱奇的不可思議。我們以最深入、生動的文筆，搭配圖片，讓科學變得很有趣，很容易親近，讓讀者讀完每一則知識，都會深深發出WOW！的讚嘆聲。

　　究竟「知的！」系列有什麼知識寶庫值得一一收藏呢？

　　【WOW！最精準】：專家學者多年研究的知識，夠精準吧！儘管暢快閱讀，不必擔心讀錯或記錯了。

　　【WOW！最省時】：上百條的網路知識，看到眼花還找不到一條可用的知識。在「知的！」系列裡，做了最有系統

的歸納整理，

　　只要閱讀相關主題，就能找到可信可用的知識。

　　【WOW！最完整】：囊括自然類（包含植物、動物、環保、生態）；科學類（宇宙、生物、雜學、天文）；數理類（數學、化學、物理）；藝術人文（繪畫、文學）等類別，只要是生活遇得到的相關知識，「知的！」系列都找得到。

　　【WOW！最驚嘆】：世界多奇妙，「知的！」系列給你最驚奇和驚嘆的知識。只要閱讀「知的！」系列，就能「識天知日，發現新知識、新觀念」，還能讓你享受驚呼WOW！的閱讀新樂趣。

　　知識並非死板僵化的冷硬文字，它應該是活潑有趣的，只要開始讀「知的！」系列，就會知道，原來科學知識也能這麼好玩！

前 言

早期的噴射客機總是從機身發出「叭叭叭、咚咚咚」的巨響,同時放出烏漆抹黑的黑煙飛離陸地。當時,這些「效果」,更令人感受到飛機不凡的動力。然而,對於不論是噪音或排氣規定都日益嚴格的現在,那樣的飛機已不會被准許飛行。

現在的噴射客機只要聽到「嘣」一聲,這個如同螺旋槳機的聲音後,在幾乎沒有排放黑煙的狀態之下就可以起飛,向天際飛去。這些改變,**都要歸功於大型風扇(送來大量空氣的葉片)和引擎控制技術提升的功勞。**

例如,控制送往引擎的燃料量,是燃料控制系統的職責。早期噴射引擎的燃料控制系統,都是透過彈簧及齒輪進行油壓式機械控制,也就是類比式的控制方式;而現在則都是透過電子式引擎控制裝置進行數位控制,燃燒效率也因此改善許多。

所謂噴射引擎,是利用氣體向後方噴射的反作用力讓飛機飛向天空的引擎。就算控制引擎的方式全部電子化,發揮噴射力量的原理也無太大的改變。因此,本書是以我自己實際操作噴射引擎的經驗為基礎,將重點放在:

- 如何使力
- 基本構造
- 驅動系統包括哪些項目
- 從飛機起飛到降落的操作

並隨時提醒自己：

■ 儘量不用專業用語　　　■ 多放進一些能夠理解的圖片
■ 用與實際情況接近的數值進行計算　■ 多舉周遭的實例

　　第一章，主要目的是為了讓讀者們能較容易理解第六章「從起飛到著陸」的內容，先為大家說明關於噴射引擎的職掌範圍，同時為了第二章之後會出現的話題，也針對升力做了一些簡單的說明。

　　第二章是從航空界歷史的角度，來說明為何噴射引擎會成為飛機的主角。活塞引擎的極限、螺旋槳客機和噴射客機的差異等話題，都會在這一個章節出現。

　　第三章則會說明噴射引擎使力的方式、內部構造，及現在的噴射客機採用渦輪扇引擎的原因。

　　第四章將解釋引擎是透過什麼樣的系統來發揮力量。除此之外，防冰凍裝置和防火裝置的構造也會是這一章節的重點。

　　第五章的主題是噴射引擎的儀表。從單一儀表到綜合儀表的顯示方式及其緣由，都將在此章節稍加著墨。

　　第六章是本書的重點，也就是噴射引擎的運用及操作。例如，當全引擎停止時的處置方式等，包括從飛機起飛到降落，所有與引擎相關的事項。

　　我由衷的希望這本書可以為對噴射引擎的構造或噴射客機的航運有興趣的讀者，帶來一點的幫助。

　　最後，非常謝謝科學書籍編輯部的石井顯一先生，這段期間受到他許多照顧，也藉這個機會向他致上衷心的謝意。

2012年12月 中村寬治

噴射機引擎的科學

噴射引擎如何產生動力？又是如何讓飛機飛上天？

第 4 章 啟動噴射引擎的系統 ···················· 87

第 5 章 噴射引擎的儀表 ······················· 125

CONTENTS

第1章

噴射引擎的工作職掌

飛機要能展翅飛翔，靠的是重力、升力、推力、阻力
這四力關係之間的巧妙平衡。
不論少了哪一個，都會使飛機無法停留於空中。
讓我們一起探討如何保持這四力關係的平衡吧。

1-01 什麼是引擎
原動機與引擎

　　「**引擎**」本指透過精密的設計及加工，使各種物品得以轉動的裝置。雖然汽車與航空同屬交通運輸工具之一，但各自引擎所被賦予的名稱卻有不同。讓我們來看看差異的原因。

　　首先，日本習慣用「原付」這個名詞，指的就是本身附有原動機的腳踏車。在汽機車領域中（泛指日本道路交通法上所稱的自動車）所謂的引擎，稱為「**原動機**」。原動機指的是將所有存在於自然界的能量，如水、電、熱等等，轉換為機械式熱能的動力裝置總稱。這些所謂的自動車不僅僅利用熱能，像無軌巴士、油電混合車、電動車、電動摩托車等等還必須同時利用電能，其動力都來自於「原動機」。

　　另一方面，在航空法上的航空界所謂的引擎則稱為「**發動機**」。這是因為**目前客機所使用的引擎都僅能利用熱能轉換為動力**。一般而言，提到引擎，也幾乎都是指透過熱能產生動力的裝置。不過，說不定不久的將來，將會開發出利用電能的推進裝置，航空界也能使用「原動機」了呢！

　　依據不同的熱能利用方法，引擎也有分為外燃機與內燃機。外燃機中最具代表性的就是可強力推動蒸氣火車頭的蒸汽引擎；內燃機則以能讓汽車高速行走的活塞引擎最具代表性。而本書的主角──讓客機於空中飛翔的噴射引擎則也屬於內燃機之一。

自動車界的原動機

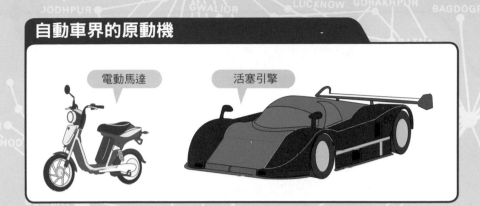

電動馬達

活塞引擎

航空界的發動機

噴射引擎

引擎的代表

	機關	熱能的利用方式	代表性引擎	實例
引	外燃機	透過在裝置外部燃燒所得到的熱能來取得動力的引擎	蒸汽引擎	蒸汽火車頭
擎	內燃機	透過在裝置內部燃燒所得到的熱能來取得動力的引擎	活塞引擎	汽車 小型飛機
			噴射引擎	飛機

1-02 噴射引擎在地面時的工作
沒有力氣就無法工作

　　蒸汽引擎或活塞引擎的工作，就是要推動火車頭及汽車朝向目的地前進。噴射引擎卻不僅僅是單純地讓飛機向前，更重要的是**必須產生足以支撐飛機停留在空中的升力**。要確認這個最重要的工作以前，首先，讓我們先來看看噴射引擎在地面時的工作。

　　當引擎啟動前往跑道時，如果飛機夠輕，即使在怠速狀態下（等同於汽車不踩油門的狀態），只要把剎車放掉，就會自然地緩緩向前。不過，以一般飛機的重量而言，不提供大於引擎怠速時的出力，是無法讓飛機移動的。

　　一旦飛機開始移動，機輪與滑行道（往跑道的通道）之間的摩擦力會比靜止時的摩擦力還要小，只要持續提高引擎出力，飛機就會加速。如果要以一定的速度前進，那麼，引擎出力與摩擦力，也就是前進的力量與妨礙前進的力量就必須相同，**達到一個力平衡的狀態**。這就像是開車時若想維持一定的速度前進，就必須固定某種程度地持續踩著油門一樣。

　　也許有人會覺得很困惑。如果前進的力和阻力相同，飛機不是應該停留在原地不動嗎？的確，當飛機處於靜止狀態，兩個力量相等的話，飛機是不會動的；但只要飛機開始移動，兩個力量相等便可使飛機以一定的速度向前。這稱為慣性。慣性擁有一個只要保持力量相等，就能持續運動狀態的性質。

為了能以一定的速度行走

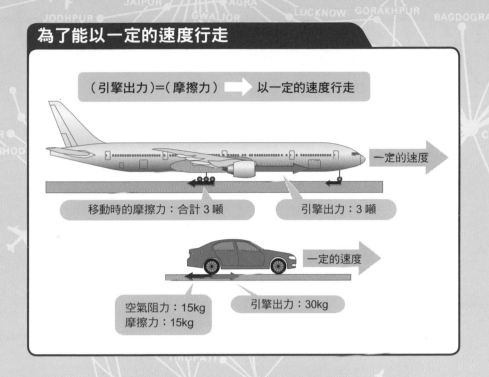

（引擎出力）＝（摩擦力）　➡　以一定的速度行走

一定的速度

移動時的摩擦力：合計 3 噸　　引擎出力：3 噸

一定的速度

空氣阻力：15kg
摩擦力：15kg

引擎出力：30kg

能夠以一定的速度持續前進的原因

當沒有任何其他作用力時，
・靜止狀態的飛機會持續靜止（靜者恆靜）
・以一定速度移動的飛機會持續以一定的速度移動（動者恆動）
這兩種性質就稱為慣性。

其他作用力指的是哪些？
・當踩下剎車時，摩擦力增加，原本平衡的力量受到破壞而減速。
・提高引擎出力，使得原本平衡的力量受到破壞而加速。

引擎出力＞摩擦　➡　加速
引擎出力＜摩擦　➡　減速

1-03 噴射引擎在起飛時的工作
在規定跑道內的重大工作

當飛機進入到地面上的目的地——跑道後，接著就準備飛向天空。所謂起飛，是在規定的跑道內，可以離地並朝向天空穩定上升的階段。

飛機，嚴格說起來是客機，並非是到了跑道終端才離開地面。起飛距離，是指從**飛機的機輪離地**（機身離開跑道而揚起）開始，一直到安全上升至跑道末端距離地面10.7m（35英呎※）的高度爲止的水平距離。因此，**當飛機高度到達10.7m時，飛機才算是升空**，而非機輪離地的那個時間點。

飛機之所以能夠升空，靠的是機翼產生的升力（藉由空氣所產生與飛行方向垂直的力）。不過，即便如此，並不表示升力必須大於飛機的重量才能將飛機送上空中。**升力與飛機的重量之間是一種對等關係**。當這種上下的對等關係被破壞，不只是飛機無法穩定地飛行，連機翼的強度也會受損。

因此，重達350噸的飛機要起飛所需的升力雖爲350噸，但不表示引擎就必須提供350噸的出力。假設從機場航廈屋頂觀察飛機起飛的狀況，我們會發現重量爲350噸的飛機升空所需時間爲42秒27，距離則爲2,600m。從這個觀測結果看來，引擎僅需提供不到飛機重量的三分之一，也就是約104噸的引擎出力，就能夠完成起飛。

※1英呎=30.48cm

噴射引擎在起飛時的工作

從航廈屋頂觀察的結果
- 飛機重量：350噸
- 升空所需時間：42秒27
- 使用距離：2,600m

飛機：波音777-300ER

噴射引擎：GE90-115B

所需時間：42 秒 27

10.7m

飛機重量：350 噸

使用距離：2,600m

公式：$(距離) = \dfrac{1}{2} \times (加速度) \times (時間)^2$

$(加速度) = \dfrac{2 \times 2600}{(42.27)^2}$

$\fallingdotseq 2.91$

公式：$(重量) = (質量) \times (重力加速度：9.8)$

公式：$(力) = (質量) \times (加速度)$

$(引擎出力) = \dfrac{350}{9.8} \times 2.91$

$\fallingdotseq 104\ 噸$

重量 350 噸的飛機起飛所需的引擎出力：約為 104 噸

飛機的重量
重量與重力的關係

　　蘋果之所以會從樹上往下掉，是受到吸往地球中心的重力所致。所在位置比蘋果高很多的飛機，同樣會受到重力作用。雖說位置比蘋果要高，但若把地球比擬為一顆半徑64cm的球，飛機離地面也不過約1mm。因此，重達350噸的飛機不論在地面上或是在10,000m的高空，都會不斷承受350噸向下的作用力。

　　蘋果在落地的過程中會持續受到重力影響，1秒後的速度為9.8m/s，2秒後的速度為19.6m/s，以此類推，以每秒增加9.8m/s的比例往下掉。這種每秒以一定比例增加的速度稱為**加速度**，其中受到重力所影響的則稱為**重力加速度**，計為9.8m/s²。而所謂重量，則可以說是物體所承受的重力大小。該重力的產生，則來自於物體本身的質量，因此，

　　（重量）＝（質量）×（重力加速度）

　　這種以重力為基礎的力單位為kgw（公斤重）。不過在此書，我們統一將力單位以一般常用的重量單位：**公斤、噸**，來表示。例如，**重量為350噸的飛機所需升力為350噸**，這樣說應該會比較容易被理解。此外，1kgw的力，加速度為1m/s²時，質量的單位為kgw·s²/m，英制則為lbf·s²/ft，此質量單位為斯勒格（slug）。

重量：作用在飛機上的重力大小

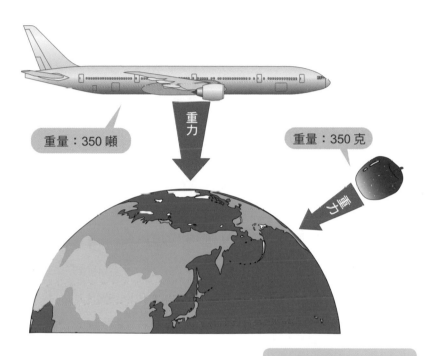

重力

重量：350 噸

重量：350 克

重力

（重量）＝（質量）×（重力加速度）

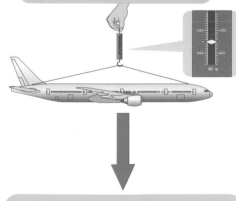

僅以彈簧吊掛的力量：350 噸

向下掉的速度，
每秒會增加 9.8m/s。

重力加速度：9.8m/s^2

1 秒後 4.9m 落下
速度 9.8 m/s

2 秒後 19.6m 落下
速度 19.6 m/s

3 秒後 44.1m 落下
速度 29.4 m/s

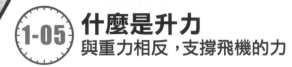

什麼是升力
與重力相反，支撐飛機的力

　　要讓移動的物體加速或改變方向，必須施加力道，而在施力同時，於我們施力的相反方向也會產生相同的作用力，這就是廣為人知的**反作用力法則**。這個法則不僅適用於固體，也適用於流體之一的空氣。

　　雖然我們平常比較不會意識到空氣的力量，但其實1氣壓約相當於10噸/m²。起飛前的飛機是均等地受到1氣壓的壓力，因此不會發生任何狀況。但當飛機開始加速，機翼使空氣流向改變，往後下方吹。此時，空氣帶來的反作用力會**使機翼上下的壓力出現差距**。這個壓力差能夠把飛機向上抬起，而這個力量，就稱為**升力**。在地面上，1%的壓力差就高達100kg/m²。機翼面積為436m²的波音777-300ER在起飛時，機翼上方的壓力僅需低於下方壓力的8%，就足以產生350噸的升力。

　　升力的職責，就在於**不論飛機處於何種飛行狀態，都必須持續地支撐飛機**。而升力會與飛行速度成正比，當飛行速度愈快，升力愈大；反之則愈小。升力同時也會與空氣密度成正比，在空氣密度較低的高空中，升力也會變小。此外還有一個非常便利的特性，就是升力還會與機翼使空氣下吹的角度變化呈正比。因此**透過飛行姿態的變化，調整機翼以改變空氣下吹的角度**，則不論處於怎樣的飛行狀態，都可控制並維持支撐飛機的升力。從右圖中我們可以看到，同樣是水平飛行的狀態，因飛行速度不同，飛機的姿勢也會有所差異。

何謂升力？

每秒 34 噸的空氣
以 100m/s 的速度向下吹

350 噸

機翼使空氣往後下方吹
而造成壓力降低的這種
空氣反作用力，稱為升力。

飛行方向

升力與空氣密度、飛行速度、飛機姿態
成比例關係。

350 噸

飛行方向

當飛行速度慢或是處於空氣稀薄的高空時，
將機首上揚使向下吹的角度變大。

350 噸

飛行方向

當飛行速度快或是處於空氣密度較濃的低空時，
將機首下降使向下吹的角度變小。

1-06 上下之間的力關係
重量與支撐力是對等的

　　飛機能夠沉穩地靜止在出境大廳前的停機坪，是因爲飛機重量與停機坪地面水泥的支撐力道平衡所致。飛機重量若爲350噸，水泥地面所提供的支撐力就是350噸；若重量爲250噸，則支撐力就是250噸。這種上下的平衡關係，不僅僅在地面，在空中也完全相同。在空中支撐飛機的是機翼產生的升力，和地面上的狀態一樣，上下之間的力關係必須是對等的。例如：若飛機重量爲350噸，升力就必須要有350噸；若重量爲250噸，則升力也必須要有250噸。

　　雖說**升力必須與飛機重量相等，但並不表示要使飛機上升只能靠升力**。如果引擎出力可以大於飛機重量，則不需透過升力，飛機就可以像螺旋槳飛機那般垂直上升。由此可知，飛機要能上升，**靠的並非是升力，而是引擎出力**。如果光靠提高升力來達到上升的目的，除了會使乘客非常不舒服之外，因上升所製造出的其他作用力，也會造成飛機構造上的問題。

　　同樣的，我們也不可能降低升力來使飛機下降。升力變小的下降，就是所有飛行員聞之喪膽的失速，因爲升力減少造成飛機失去應有的速度及高度，是一種非常不安定且危險的飛行狀態。當升力降低使得乘客感覺到身體瞬間離開座位往上浮起時（－G），飛機的強度是較弱的；其強度大約是當升力增加使乘客感覺身體往座位下壓時（＋G）的一半都不到呢！

上下之間的力量關係

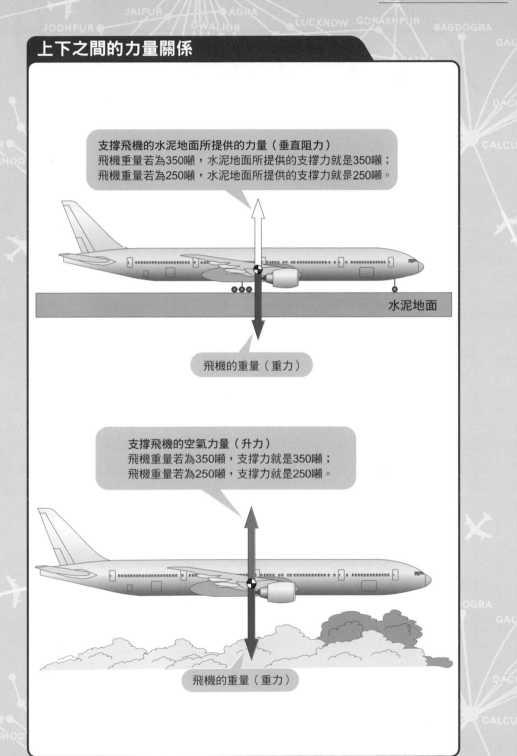

支撐飛機的水泥地面所提供的力量（垂直阻力）
飛機重量若為350噸，水泥地面所提供的支撐力就是350噸；
飛機重量若為250噸，水泥地面所提供的支撐力就是250噸。

水泥地面

飛機的重量（重力）

支撐飛機的空氣力量（升力）
飛機重量若為350噸，支撐力就是350噸；
飛機重量若為250噸，支撐力就是250噸。

飛機的重量（重力）

1-07 前後之間的力關係
前進的力量(推力)與妨礙的力量(阻力)

　　當飛機在空氣中以高速飛行，就必須承受空氣反饋的阻力。與飛行方向垂直的作用力稱為升力；而與飛機飛行方向相反的作用力，則稱為阻力。

　　阻力大致分為兩種。首先，不論飛機為了降低空氣阻力，精心設計出光滑流線的外形，仍舊無法避免機體表面與空氣摩擦必然產生的**寄生阻力**。寄生阻力對於飛機而言不僅有害、會妨礙飛機的前進，還會**隨著飛行速度提高而增大**。

　　其次則是機翼為取得升力所必須付出的代價，也就是翼端流動的空氣旋渦，稱為**誘導阻力**。當飛行速度減慢時，必須讓空氣向下吹的角度變大以維持一定的升力，此時翼端流動的空氣旋渦影響變大，誘導阻力也隨之增強。而當飛行速度加快，飛機姿態改為機首稍稍朝下，此時翼端流動的空氣旋渦影響變小，誘導阻力會**因為速度加快而變小**。

　　說個題外話，許多候鳥都會以人字形列對飛行，這是為了讓羽翼加長以減低誘導阻力。相同的，飛機翼端有個稱作翼帆的小板（Winglet），也是為了抑制翼端旋渦以降低誘導阻力的緣故。

　　實際上，阻力是由與速度成正比的寄生阻力和與速度成反比的誘導阻力兩者構成。請參考右圖圖示。在此例當中，水平飛行時的阻力為14噸，我們可以由此得知此時飛機所需的推力為14噸。

前後之間的力關係

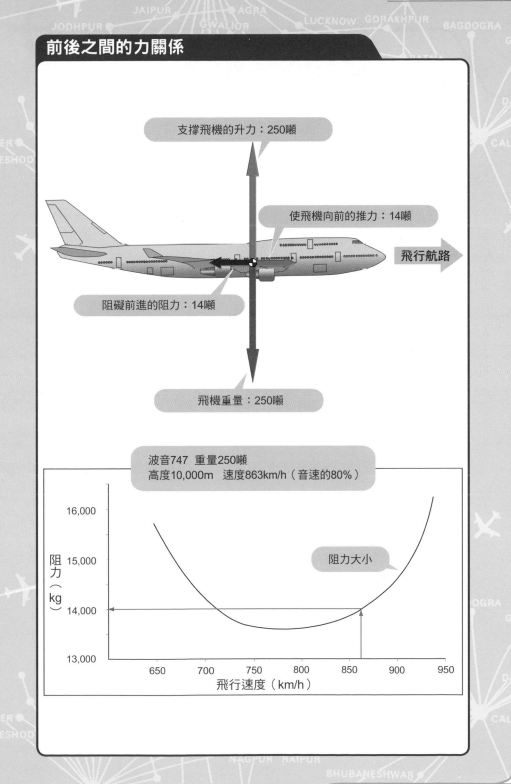

支撐飛機的升力：250噸

使飛機向前的推力：14噸

飛行航路

阻礙前進的阻力：14噸

飛機重量：250噸

波音747 重量250噸
高度10,000m 速度863km/h（音速的80%）

阻力大小

阻力（kg）

16,000

15,000

14,000

13,000

650　700　750　800　850　900　950

飛行速度（km/h）

1-08 上升是靠引擎的力量
引擎也可以取代升力

　　汽車爬坡時，如果沒有比平常行駛更用力踩下油門讓引擎出力提高的話，汽車就會開始減速。讓我們來探討這其中的原因吧。

　　支撐汽車的是**垂直阻力**，如同其字面上的意思，它是與道路垂直的作用力；而重力則是朝向地球中心的作用力。當汽車傾斜在斜坡上時，垂直阻力與重力不再位於同一直線上，垂直阻力與重力會加總成為一個**合成力**。這個合成力與前進方向相反，**會妨礙汽車的前行**。斜坡愈陡，阻礙的力量就愈大。因此我們才必須要更用力地踩下油門。

　　飛機的原理也完全一樣。我們可以把上升假想為飛機必須爬上一個空氣組成的斜坡。升力是與飛行方向垂直的作用力；重力則同樣是朝向地球中心的作用力。**因此當飛機傾斜時，重力與升力會加總，成為妨礙飛機上升的力量**。假設飛機重量為250噸，即使上升角度僅有微微的5度，光是因為傾斜而產生阻礙上升的力道就高達22噸。再加上維持水平飛行所需對抗14噸的阻力，上升時的總阻力就有22＋14＝36噸，因此引擎推力就必須大於36噸。

　　雖然，當飛機外觀重量較小時，其所需的升力也會相對較小，但正確來說，上升時，引擎取代了部分原本升力所需負責支撐飛機的工作。如果飛機要垂直上升，因為升力為0，因此推力就必須大於250噸。所以飛機若要垂直上升，可以僅靠引擎給力即可。

上升是靠引擎的力量

道路支撐汽車的力量：996kg

引擎出力：30十87＝117kg

整體阻力：
30＋87＝117kg

行走路線

坡度：5°

※水平行走時的阻力為30kg

汽車重量：1,000kg

傾斜會使阻力增加：87kg

上升角與升力的關係

上昇角： 5° ➡ 升力：249噸
上昇角：45° ➡ 升力：177噸
上昇角：60° ➡ 升力：125噸
上昇角：90° ➡ 升力：0噸

升力：249噸

爬升推力：14＋22＝36kg

上升角：5°

外觀重量：249噸

整體阻力：14＋22＝36kg

※水平行走時的阻力為14噸

重力：250噸

傾斜會使阻力增加：22噸

暖機與冷機

　　經過12小時的飛行，於停機坪短短滯留2小時，進行加油等準備工作後，又準備邁向下一個12個小時的飛行。這就是飛機的日常工作。對噴射引擎而言，每日工作的時數遠比休息時間要長的多。在這種過度使用的狀態下，要能讓引擎長壽，最重要的祕訣就是**暖機與冷機**。

　　説到暖機，現在的汽車已經不需要先啟動引擎等待水表上升後才能開動，只要在行走間暖機即可。噴射引擎非屬於面與面接觸摩擦轉動的軸承，因此照道理説，飛機是不需要暖機，不過在飛行手冊中有明確記載飛機在起飛前應以最大出力進行暖機運轉。而在實際操作上，飛機自停機坪到跑道期間的怠速運轉及數分鐘的行走，其實就跟汽車一樣已經完成了行走間暖機。

　　當結束一段飛行，引擎停止後，熱段部分（從燃燒室到**渦輪**的高溫部）並未能與其他部分同等冷卻。這樣的溫度差常會造成下一次啟動時引擎的震動。若遇到這種狀況，就必須暖機運轉一陣子使振動停止。

　　從這個角度看來，**不難得知引擎停止時的冷機比暖機重要多了**。特別是在飛機降落時使用逆向噴射造成排氣溫度升高，或是中斷降落後重飛（參考6-32）在重新降落時，引擎溫度會比正常時來的高。這種情形，飛機就會需要比平常更長的冷卻時間。

第2章

從螺旋槳到噴射引擎

1903年萊特兄弟成功地以動力飛行後約50年，
噴射客機已經成為天空飛翔的常客。
在航空技術的發展已達到超音速飛機階段的現今，
讓我們先好好回顧從螺旋槳客機到噴射客機的發展史。

2-01 螺旋槳
創造前進動力的道具

　　以前的人認為要在空中自由飛翔，一定得像鳥類那樣拍動翅膀。李奧納多‧達文西在1490年左右所發明的機器翅膀就是最具代表性的例子。大約過了400年後的1891年，德國人奧圖‧李林塔爾成功地以固定翼完成滑翔飛行。他放棄模仿鳥類拍動翅膀來產生推力及升力的方式，而是採用前行後以固定的翅膀直接產生升力的方式，成功飛行。

　　這種滑翔飛行的成功，啟發了萊特兄弟於1903年成功發明動力飛行。動力飛行並非傳統式依賴風吹，於高處往下俯衝的方式，而是靠著動力裝置從平地飛向空中。他們所採用的，是當時已經普遍的汽車活塞引擎。然而，光靠活塞引擎無法產生推力，因此，他們利用轉動的螺旋槳取代拍動的翅膀以產生推力。**一旦螺旋槳所製造的推力使飛機開始在地面前進，固定的機翼自然地與空氣形成風切、產生升力**，以結果而言，轉動的螺旋槳達到了與拍動翅膀一樣的效果，讓飛機得以離開地面，翱翔天際。

　　從很久以前，人們就知道螺旋槳可以推動交通工具向前。1800年代後期取代明輪船的螺旋槳船，讓大型船能夠航行於大洋。既然螺旋槳可以推動大型船，那想當然爾，也可以被利用在讓飛機飛行。萊特兄弟為了飛機所發明的螺旋槳技術為之後囊括海、空的螺旋槳發展，提供了莫大的貢獻。

螺旋槳

李奧納多・達文西
所發明的機器翅膀
（約1490年）

鳥類僅靠著拍動翅膀
就同時產生了
推力與升力

萊特兄弟成功發明的動力飛行是透過：
・前進的力量（推力）是螺旋槳
・支撐飛機的力量（升力）是機翼

2.4m

萊特飛機

萊特飛機的螺旋槳

2-02 螺旋槳的工作
推力是如何發生？

　　貢獻橫跨海、空領域，由萊特兄弟所發明螺旋槳技術，其效率之高，與現今所使用的螺旋槳相比，相似度幾乎高達70%。所謂螺旋槳的效率，指的是引擎的出力能量可以轉換爲多少推進螺旋槳的能量指標。而萊特兄弟所發明的螺旋槳效率則可以達到現在螺旋槳的70～80%。其實這就像電風扇一樣，即使擁有相同迴轉能力的馬達，也會因爲裝置葉片的方式不同，使電扇傳送涼風的能力產生差異。

　　螺旋槳相當於日文的**推進器**。在船世界的螺旋槳稱爲Screw，這是因爲以前的人認爲在水中迴轉前進，就和將木螺絲（英文爲Screw）栓進木頭的原理相同而命名。爲了與飛機世界中的螺旋槳稍作區別，在船的世界也會稱爲船用螺旋槳。

　　螺旋槳（飛機用）並非如同木螺絲般擠壓空氣以向前。它與產生升力的原理一樣，利用的是作用力與反作用力的法則，在依據運用反作用力的方式不同，可分爲兩種產生方式。

　　第一種，就和從氣球口噴出空氣而飛竄的道理相同，螺旋槳也會利用加速將空氣向後流動所產生的反作用力，來產生一股向前的推力，稱爲**動量理論**。另一種方式，是也稱爲旋翼的螺旋槳利用風切產生升力，這個升力又轉換爲讓飛機前進的推力，稱爲**旋翼元素理論**。

螺旋槳的工作

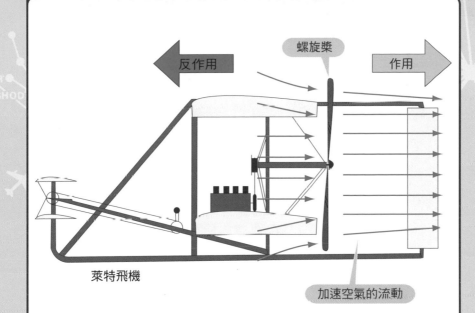

反作用　　螺旋槳　　作用

萊特飛機

加速空氣的流動

螺旋槳產生推力的兩種方式
・將空氣大量往後方加速流動所產生的反作用力
・利用風切的反作用力產生升力

作用力與反作用的法則
・當A將力※量作用於B，B也同時會以相同程度的力量回向A。

※力：可改變速度（速度或前進方向）

2-03 往復式引擎
讓螺旋槳轉動的引擎

　　稍早於萊特兄弟的動力飛行問世前，大約在19世紀後半，就已經有記載顯示透過橡膠動力及蒸氣機驅動的螺旋槳模型飛機的飛行紀錄。不過，無論是橡膠動力或蒸汽機都無法讓人乘坐，一直到了德國人尼可拉斯・奧圖確立了實用的往復式引擎（往復機構、活塞引擎）後才出現突破。

　　往復式引擎是先將燃料與空氣的混合氣體吸入汽缸內，接著為了使混合氣體的壓力與溫度上升以便於有效運用熱能而進行壓縮，再將壓縮後的混合氣體燃燒，使之膨脹，進而以該能量將活塞向下壓，最後，為了下一次的衝程，將燃燒氣體排出汽缸。簡單來說，就是不斷反覆**進氣**、**壓縮**、**膨脹**、**排氣**這四個動作，使熱能轉變為動能的內燃機。

　　當活塞的4次上下運動（衝程）能使迴轉軸完成2迴轉以結束一整個循環的引擎稱為**四行程引擎**。比起原本擔任主要動力代表的蒸汽機相比，可以省下等待蒸氣上升的時間，也不需要時時補充水。除此之外，小型輕量卻又動力充足的優勢，讓往復引擎開始成為動力的主要來源。這種於定量的容器內進行加熱的循環，也稱為**奧圖循環**（Otto Cycle）；而噴射引擎在一定的壓力下進行的循環，則由其發現者（喬治・布雷頓）的姓氏命名為**布雷頓循環**（Brayton Cycle）。

往復式引擎

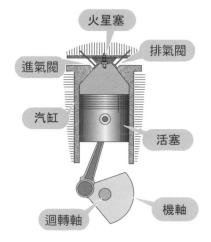

火星塞

排氣閥

進氣閥

汽缸

活塞

迴轉軸

機軸

與蒸汽機相比，
・小型輕量且出力大
・不需補水
・啟動前後不費工夫不費時

活塞的4次上下運動（衝程）
能使迴轉軸完成2迴轉以結束一整個循環。
這個循環動作所驅動的引擎發明者是
德國人尼可拉斯・奧圖，因此又被稱為奧圖循環。

進氣　　壓縮　　膨脹　　排氣

2-04 往復式引擎與螺旋槳
為了飛得更快、更高……

　　從萊特兄弟的初次飛行，也就是到1950年代爲止，將近半個世紀，往復式引擎和螺旋槳一直是飛機的唯一組合。最初採用這種組合的萊特飛機引擎，是將4個汽缸直列並排的直列四汽缸引擎。這種汽缸並排的方式，可以減輕振動、提高馬力、並使引擎迴轉效率更佳。舉例來說，在各自汽缸中上下運動的活塞，因爲循環的時間點交錯，而得以相互抵銷所造成的振動。除了直列式之外，其他還有V型、星型等各種排列方法。

　　客機則以**星型配置的引擎**，最能達到節省空間的目的，且對於減輕振動也有不錯的效果，因此被廣泛運用。其中最著名的，就是於1974年初航，最後一架搭載往復式引擎的傑作機型DC-6。DC-6所採用的引擎是P&W公司（Pratt & Whitney）的R-2800，由2組各9台星型配置的汽缸，合計18台汽缸所組成，馬力爲2,500。

　　客機所追求的是能夠載運更多旅客、能飛更遠、更快、更高。往復式引擎與螺旋槳這個組合從原本只能坐一人的萊特飛機，一直到後來已經可以載更多旅客、也可以飛得更遠。但如果還要再追求飛得更快、更高，可能就會**超過往復式引擎與螺旋槳的能力所及**。接下來，就讓我們一起看看這個組合的極限。

航空用往復式引擎與螺旋槳

萊特飛機
最大高度：30英呎（9m）
巡航速度：27節（50km/h）

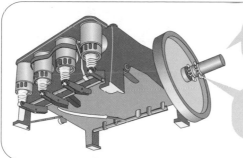

直列四汽缸
馬力12、1,000迴轉

藉由鍊條帶動螺旋槳

道格拉斯**DC-6**
最大高度：25,000英呎（7,620m）
巡航速度：270節（500km/h）

P&W R-2800
星型18汽缸引擎
馬力2,500

9個汽缸、2組，
共計18個汽缸。

2-05 往復式引擎的極限
與飛行高度的關係

　　飛機之所以要朝更高的飛行高度突破，是爲了盡可能降低雲、風等航線上可能出現的天候影響，或希望能盡可能減少空氣阻力以改善油耗等等。但是，作爲一個飛機引擎，往復式引擎卻有個**飛行高度愈高，出力會急遽降低**的致命缺點。讓我們一起探討其中的原因。

　　不論是哪種引擎，都必須混合空氣與燃料後燃燒。這個混合比稱爲**空燃比**（Air-fuel ratio，簡稱AFR）。汽油的空燃比爲14～15：1，也就是以空氣重量14～15時，燃料重量爲1的比例混合，是最理想的燃燒狀態。

　　飛機所追求愈高、更高的飛行高度，其環境中的空氣卻會愈稀薄。在高空中，進入汽缸內的空氣，即使量是相同的，重量卻會變輕。爲了要維持理想的空燃比，配合變輕了的空氣，燃料重量也必須減少。因此，**當飛機高度愈高時，引擎出力就會愈低**。

　　汽缸愈大，引擎出力就會愈大。但是隨之而來，引擎本身就必須愈重。因此，科學家們就開始思考將壓縮空氣強制押入汽缸的方法。右圖就是該裝置的簡圖，可以在不需要改變引擎大小的狀態下增加出力，稱爲**增壓器**。除了靠引擎迴轉力驅動之外，也有能利用燃燒後排氣氣體能量的裝置，稱爲**渦輪增壓器**。這個渦輪增壓器的想法，後來便衍伸出噴射引擎的出現。

渦輪增壓器

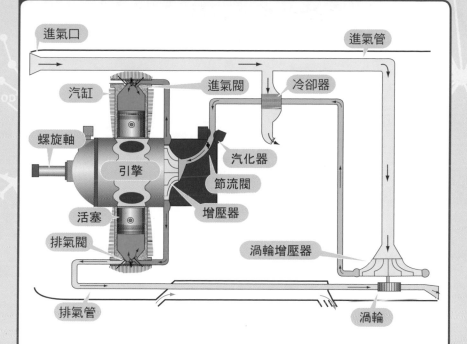

- **增壓器**
  為了補足高空飛行時往復式引擎出力降低的不足，
  將吸入的空氣先壓縮再供給的裝置。

- **渦輪增壓器**
  將透過燃燒排氣氣體迴轉的渦輪，
  來驅動壓縮器的增壓器

- **渦輪**
  利用高壓氣體、水力、風力、蒸氣等流體能量轉動葉片，
  轉換為機械式運動的裝置

螺旋槳也有極限嗎？
2-06 螺旋槳的迴轉速度與飛行速度

　　飛機之所以追求更快的飛行速度，最大的目的就是縮短到達目的地所需的時間。然而，當飛行速度愈快，螺旋槳的效率卻會急速惡化。

　　螺旋槳迴轉時切過風的速度，在翼根與前端是有很大差距。即使速度不同，仍必須讓空氣流過螺旋槳表面，也就是為了讓風不論吹到螺旋槳的哪個部位，都會是最適當的角度，因此，螺旋槳的翼根與前端會有如同迴力鏢那般扭轉的設計。而且為了減小空氣阻力，螺旋槳的葉片前端會變得較薄。

　　即便有了上述的精心設計，當轉速愈快，螺旋槳的效率卻仍會急速惡化。其中的原因，就是因為螺旋槳，特別是**當螺旋槳前端切過風的速度超過音速時**，螺旋槳會產生衝擊波，使得空氣阻力急遽升高。因此，即使引擎全力迴轉，螺旋槳卻得專注於抵抗急增的空氣阻力，而沒有餘力完成它原本應做的工作，也就是產生推力。

　　更傷腦筋的是，就算我們將螺旋槳的轉速降低，例如降到0.6馬赫（音速的60%，700km/h），**風切的相對速度仍會超過音速（如右圖），螺旋槳的效率仍免不了降低的命運。**

　　雖然如此，由於螺旋槳客機起飛及著陸的性能佳，且因為速度在馬赫以下，油耗較佳，因此即便到了現在，仍有許多螺旋槳飛機擔任著空中載客的工作。只不過，現在的螺旋槳飛機已經不再使用往復式引擎，而轉為採用噴射引擎的同伴——**渦輪螺旋槳引擎。**

螺旋槳前端的速度

為了使空氣流過螺旋槳的角度最適當，螺旋槳的翼根與前端會有扭轉的設計。

迴轉方向

飛行速度

以飛行速度來說，從翼根到前端都一樣。

以風切速度來看，螺旋槳前端的部分相對會比較快。

即使為了控制風切速度不高於音速而限制迴轉速度，
只要飛行速度超過0.6馬赫，
螺旋槳前端的風切相對速度仍會超過1馬赫。

迴轉速度
0.9馬赫

相對速度
$\sqrt{0.9^2 + 0.6^2} \fallingdotseq 1.1$

飛行速度 0.6馬赫

2-07 渦輪螺旋槳的出現
克服往復式螺旋槳的缺點

　　由於螺旋槳客機可在短距離內完成起飛與著陸、且噪音相對較低、油耗較小，因此對於較小的機場或近距離飛行，螺旋槳客機可以說是最合適的飛行工具。但是，即使已經加裝渦輪增壓器，一旦到達高度較高的高空，引擎出力仍會降低。即便不需追求速度，然而**一旦到較高空飛行，就必須有別於往復式的引擎來幫助螺旋槳轉動**。

　　為控制因飛行高度所造成的引擎出力低下，即使空氣變得稀薄，也必須提供引擎與低空時相同空燃比的空氣。換句話說，引擎內部必須要能確保一定重量的空氣，而重視的是空氣的質而非量。因此，我們不能一味地將空氣押入容量固定的汽缸中，而是**必須配合已壓縮的大量空氣，混合適當比例的燃料，持續地使之燃燒**。由此發想，衍生出後來的燃氣渦輪引擎。

　　燃氣渦輪引擎是透過連續地吸入並壓縮大量的空氣，再配合其壓縮空氣的重量，噴射適當比例的燃料持續燃燒所製造出高溫、高壓氣體，以換得轉動渦輪的動力。以燃氣渦輪引擎所推動的螺旋槳，就稱為**渦輪螺旋槳引擎**。

　　世界上第一個採用渦輪螺旋槳引擎的螺旋槳客機，用的就是勞斯萊斯公司的Dart引擎。渦輪螺旋槳引擎比往復式引擎少一半的重量，卻能達到相同的引擎出力，不但克服了飛行高度的問題，對於引擎本體的輕量化也提供了莫大的貢獻。

世界第一架搭載渦輪螺旋槳的客機

維克斯子爵（圖例為800系列）
最大高度：25,000英呎（7,620m）
巡航速度：270節（500km/h）
初航1948年，在日本活躍於1960～1970年

勞斯萊斯公司的Dart引擎（圖例為馬克510，1,740匹馬力）
除了用在日本國內製造的YS-11、子爵機、福克F27之外，
其他許多飛機都採用此引擎（至今仍被使用）

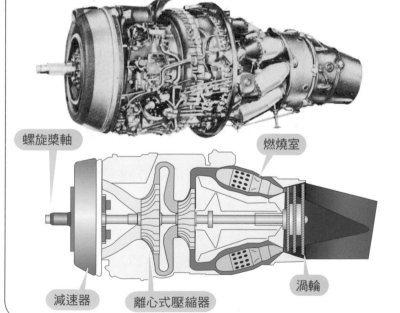

螺旋槳軸　　　　　　　　　　　　　燃燒室

減速器　　離心式壓縮器　　　　　　渦輪

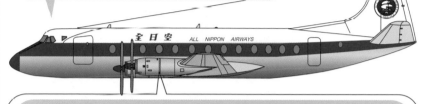

2-08 渦輪噴射引擎
噴射客機登場

　　自第一架搭載渦輪螺旋槳的客機初航後幾年的1958年，搭載**渦輪噴射引擎**的第一架噴射客機波音707正式問世，突破了以往的飛行速度，以近2倍的速度翱翔天際。

　　渦輪噴射引擎與渦輪螺旋槳一樣，**和燃氣渦輪引擎同屬一類，不但可以轉動熱能，還能夠變為速度能量以產生推力。**

　　進氣後壓縮，再燃燒產生高壓高溫氣體的能量，致使渦輪、也就是壓縮器迴轉，最後再將剩餘的能量轉換為速度能量，將氣體高速噴出，利用其反作用力產生推力。如果所有的能量都用在轉動壓縮器，則噴出的氣體只會是「微風」。因此，為了能夠更有效率地進行壓縮，改以採用**軸向流壓縮器**取代離心式壓縮器，且可分為**低壓用**與**高壓用**。有些引擎還可分為低壓、中壓、高壓三種。

　　1959年，也就是波音707初航的翌年，有空中貴婦人之稱的道格拉斯DC-8也以同一個引擎完成了首次航行。然而，由於噪音過大和飛行速度達到音速的80%左右所造成的高油耗這兩個缺點，使得渦輪噴射引擎在進入1960年代後，漸漸被渦輪扇引擎取代。不過，因為渦輪噴射引擎有著飛行速度愈快效率愈高的特性，對於像協和式客機（Concorde）這種超音速客機（SST；Supersonic Transport）而言，是不可欠缺的一部分。

搭載渦輪噴射引擎的客機代表

波音707（圖例為B707-120）
最大高度：39,000英呎（11,900m）
巡航速度：520節（963km/h）
首航：1958年

P&W JT3C-6渦輪噴射引擎
最大推力：13,500磅（6,100kg）

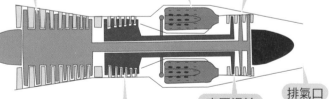

軸向流式低壓壓縮器　　　燃燒室　　　低壓渦輪

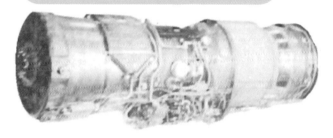

軸向流式高壓壓縮器　　　高壓渦輪　　排氣口

2-09 渦輪扇引擎
油耗降低、噪音減輕

　　渦輪噴射引擎的出現，讓飛機能夠在平流層（高度11,000m以上）以超音速飛行。雖說如此，要以音速飛行，除了噪音問題外，還有許多其他困難仍待解決。此外，隨著速度變快、空氣阻力激增所帶來的油耗問題，使得噴射客機的巡航速度幾乎都以0.8馬赫（約時速900km）左右為主流。

　　為了讓噴射客機能夠以最經濟的速度飛行，科學家們開發了可提升燃料使用率並可減低噪音的**渦輪扇引擎**。渦輪扇引擎正如其名，是將風扇裝置在渦輪噴射上的引擎。而一般人所說的噴射引擎，指的正是渦輪扇或渦輪引擎。

　　渦輪扇引擎的特徵，簡單來說，就是集結了渦輪螺旋槳與渦輪噴射引擎兩個優點而成的引擎。風扇部分不再像螺旋槳般裸露在外，改為包覆在一個風扇匣中，再**將風扇產生的推力與引擎內部燃燒氣體的能量加總成為渦輪扇的推力**。渦輪螺旋槳也有可以不需要將所有能量用在轉動螺旋槳，而藉由向後噴出的氣體獲得多10%推力的引擎。

　　渦輪扇的出現，使得飛機油耗獲得大幅的改善。例如一樣是DC-8，搭載渦輪噴射引擎的飛行距離可以增加將近2,000km。此外，從引擎內部往風扇後方噴出氣體噪音也因為被包覆住，使得噪音得以有效地降低。

搭載渦輪扇引擎的客機代表

道格拉斯DC8（圖例為DC8-53）
最大高度：39,000英呎（11,900m）
巡航速度：460節（852km/h）
首航：1959年
活躍於1960～1972年的日本天空

P&W JT3D渦輪扇引擎
最大推力：18,000磅（8,160kg）

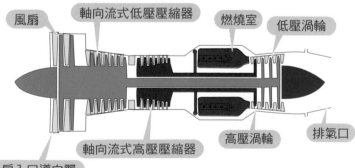

風扇

軸向流式低壓壓縮器

燃燒室

低壓渦輪

軸向流式高壓壓縮器

高壓渦輪

排氣口

風扇入口導向翼

2-10 中短距離的噴射客機
噴射化的洪流

　　1964年，吟唱著「夢想的噴射機」的波音727飛機首次在日本露臉，開啓了札幌、東京、大阪、福岡、那霸等國內機場的航線，並隨著航班高度成長，波音727飛機幾乎占據了日本上空，往來日本國內各大城市。

　　接著，波音737-200、道格拉斯（當時）DC9-40等等飛機也陸續加入行列。有趣的是，不論是哪一種飛機，搭載的全是P&W的引擎JT8D。

　　通過JT8D風扇的空氣與進入引擎內部的空氣比例爲1.1，稱作**旁通比**（bypass ratio），表示它由風扇所產生的推力較高。現今的渦輪扇旁通比大約接近10.0，**由風扇所產生的推力占了整體推力的75%以上**。

　　相對於第1代的噴射客機波音707或DC-8，當第2代的波音727、737、DC-9等飛機成爲主流時，所有航線、機場、航空保安設施（無線保安設施等援助飛機航行的周邊設施）都隨著「**噴射化**」而齊備。

　　順帶一提，在日本，當波音727這台眞正的噴射客機啓航時，「噴射客機速度快」才成爲眞正的賣點，其所設定的巡航速度也非常高。例如，以現在實際狀況來看，東京到大阪飛航時間約爲1小時10分鐘；在當時飛航時，竟留下了50分鐘，甚至26分鐘的飛行紀錄。現在要再突破這個紀錄大概很難了吧。

點綴日本天空的第2代噴射客機

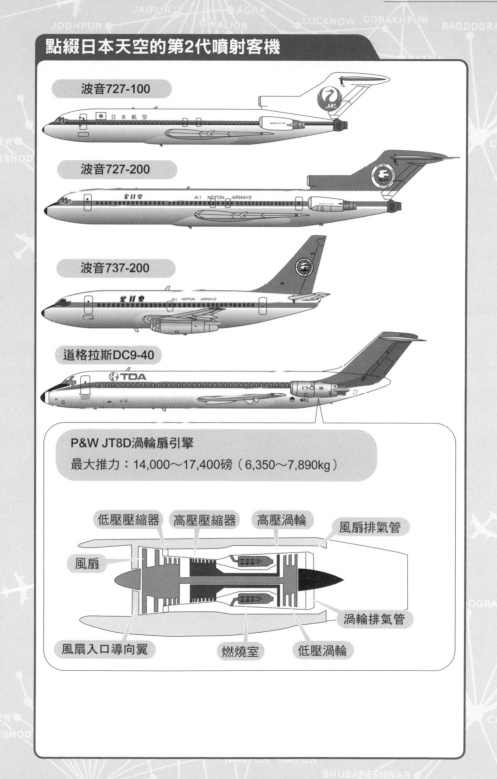

波音727-100

波音727-200

波音737-200

道格拉斯DC9-40

P&W JT8D渦輪扇引擎

最大推力：14,000～17,400磅（6,350～7,890kg）

低壓壓縮器　　高壓壓縮器　　高壓渦輪　　　　風扇排氣管

風扇

風扇入口導向翼　　　　　　　燃燒室　　　低壓渦輪　　　　渦輪排氣管

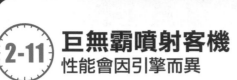

2-11 巨無霸噴射客機
性能會因引擎而異

　　因為波音727、DC-9等噴射客機的加入使得噴射化加速的日本天空，隨著**巨無霸噴射客機**波音747於1970年的啓航，飛機正式進入一個大量運輸的時代。

　　波音747-100的最大起飛重量（可起飛的最大重量）約333噸，是波音727（最大起飛重量爲78噸）的4倍以上。如果用實際的數據說明，現在從日本到夏威夷的燃料重量就差不多相當於波音727的最大起飛重量。

　　波音747-100之所以可以在這麼重的狀態下飛行，是因爲成功研發了擁有最大起飛推力21噸的JT9D引擎。JT9D的最大起飛推力，是JT8D（最大起飛推力爲6.4噸）的3倍以上。搭載4個JT9D引擎的波音747-100，推力合計有**84噸**（21×4），而搭載3個JT8D引擎的波音727的推力則合計爲**19.2噸**，也就是說，波音**747-100可起飛的重量增加了有4倍之多**。

　　能夠如此發揮大幅推力的成效，必須歸功於**增大的風扇**。相對於風扇直徑1m的JT8D，JT9D的風扇直徑約有2.4m。很巧的是，大約相距巨無霸客機啓航的70年前，首次飛航的萊特飛機，其螺旋槳也正好是2.4m。

　　其後，在1970年代後半，爲了起降較頻繁的國內航線客機，強化機輪的波音747SR啓航。因爲是日本國內航線專用，其最大起飛重量較輕，但最大推力幾乎沒有改變。爲了能讓引擎壽命更長，並降低噪音及起飛時急加速的不適感，採用了比最大推力低約10～25%的推力。

巨無霸噴射客機

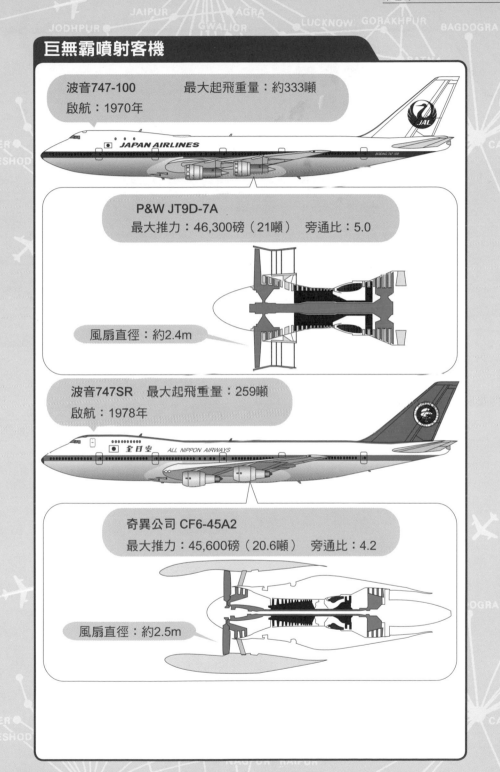

波音747-100　　最大起飛重量：約333噸
啟航：1970年

JAPAN AIRLINES

P&W JT9D-7A
最大推力：46,300磅（21噸）　旁通比：5.0

風扇直徑：約2.4m

波音747SR　最大起飛重量：259噸
啟航：1978年

ALL NIPPON AIRWAYS

奇異公司 CF6-45A2
最大推力：45,600磅（20.6噸）　旁通比：4.2

風扇直徑：約2.5m

廣體飛機
客艙走道有2排

　　巨無霸噴射客機啓航的1970年代，載客數介於巨無霸客機與波音727之間，約可乘坐300人的**廣體客機**也陸續啓航。

　　廣體客機的客艙走道有2排，艙底貨物室可橫放兩個貨櫃，屬於機身非常寬廣的飛機。其代表性的客機有洛克希德L-1011、道格拉斯DC-10、空中巴士A300。順帶一提，A300的300指的是座位數，也就是以其標準規格爲能夠乘坐300人的飛機而命名。

　　L-1011和DC-10雖同爲三引擎噴射機，但中央引擎的裝置方式卻各有不同。首先，L-1011進氣口是採用**S型配管**，引擎裝在機身最後面。因爲S型配管方式的管線內常有急彎，使得在管線內流動的空氣較爲紊亂，可能影響引擎的安定運轉。而DC-10的引擎則配置在機背最後，因此當中央引擎故障時，將無法掌握機首朝下的時機，使得飛機呈現縱向的不穩定。

　　當然，兩種機型都有各自的解決對策，然而，中央引擎位於高處，除了維修保養上的問題之外，雖然噴射引擎的燃料材質較接近煤油，比石油還便宜一些，但終究也撐不過石油危機，**使得三引擎噴射機終究被洪流淘汰，僅剩雙引擎飛機存活**。

　　1981年，洛克希德公司退出民營機的製造，接著在1997年，麥克唐納・道格拉斯公司也被波音公司合併慘淡收尾了。

廣體飛機

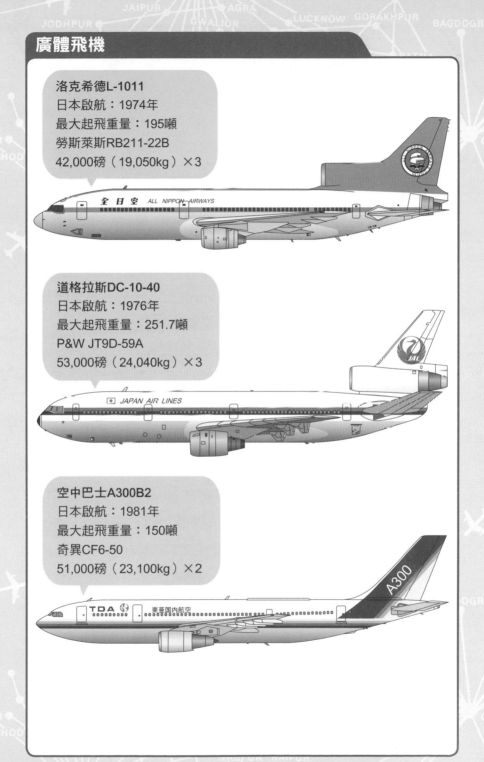

洛克希德L-1011
日本啟航：1974年
最大起飛重量：195噸
勞斯萊斯RB211-22B
42,000磅（19,050kg）×3

道格拉斯DC-10-40
日本啟航：1976年
最大起飛重量：251.7噸
P&W JT9D-59A
53,000磅（24,040kg）×3

空中巴士A300B2
日本啟航：1981年
最大起飛重量：150噸
奇異CF6-50
51,000磅（23,100kg）×2

2-13 雙引擎飛機
雙引擎飛機與海上飛行的關係

　　進入1980年代，雙引擎飛機取代四引擎飛機及三引擎飛機，成為航空界的主流。主要原因來自於引擎性能及信賴性的提升，以及航空規定趨緩所致。

　　波音747、道格拉斯DC-10、空中巴士A300等機型所採用的CF-6-50系列引擎，其旁通比提高、壓縮器級數（壓縮器葉片的列數）增加等改良完成後，搭載引擎推力被大幅提高的CF6-80系列引擎的波音767在1983年，正式於日本啟航。

　　接著，1985年，ETOPS（雙引擎延程操作，參考6-27）中所規定的雙引擎飛機長距離航行的飛行時間限制受到放寬，這使得波音767得以飛越大西洋。在往復式引擎的時代，所有的飛機都必須要飛在當引擎發生故障後60分鐘內就可降落的航線上；而到了噴射引擎時，因為引擎的可靠度提升，開始可適用ETOPS 120，時間限制延長至120分鐘。到了1989年，再進一步從120分鐘擴大為180分鐘，自此，飛機可一口氣橫越太平洋。

　　進入到1990年代，勞斯萊斯RB211引擎在將風扇的直徑加大，同時增加壓縮器與渦輪的級數，設計出稱為「**特倫特（Trent）**」的新式引擎，並由空中巴士A330所採用，正式啟航。雙引擎飛機也成為了空中的主流。在當時之前國際線一直都是採用三引擎飛機或四引擎飛機，**自ETOPS 180開始使用，三引擎飛機飛機就完全消失了。**

雙引擎飛機

波音767（圖例為767-300）
日本啟航：767-200於1983年，767-300於1986年
最大起飛重量：767-200為120.9噸，767-300為131噸

奇異CF6-80C2
最大推力：52,500磅（23.8噸）　旁通比：5.05

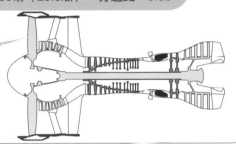

風扇直徑：2.36m

空中巴士A330-300
最大起飛重量：230噸
特倫特引擎初航：1994年

勞斯萊斯700　特徵：3軸構造
最大推力：71,000磅（32.2噸）旁通比：5.0

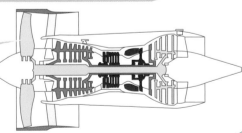

風扇直徑：2.47m

2-14 世界最大的雙引擎飛機
擁有世界第一的推力

　　登上21世紀舞台的，是世界最大的雙引擎飛機與引擎。首先，世界最大的雙引擎飛機波音777-300ER於2003年成功初航，日本則於次年2004年啟航。

　　波音777-300ER所搭載的引擎GE90-115B，其最大推力竟高達52.3噸。它擁有大於波音747-100的引擎JT9D兩倍以上的推力，**雖為雙引擎飛機，卻能以超過四引擎飛機的最大起飛重量飛行**。採用稱為掠翼扇葉（Sweep fan）這種具有較大攻角的風扇、和稱為三維翼型的壓縮器葉片以減少空氣動力損失的設計，使得這個引擎能夠成為世界最大出力的引擎。

　　不過像這樣單一引擎的推力非常大，如果其中一個引擎發生故障，左右出力的失衡就會引起極大的問題。因此，針對引擎的故障，飛機會配備一個稱為TAC系統（推力不對襯補正），**可以感測左右推力的差異，自動調整飛機方向讓飛機不致朝向不正確方位飛行的操縱裝置**。又因為燃油消耗較佳，例如，因為引擎數只有波音747的一半，從東京到紐約所需消耗的燃料，不僅減半，甚至**低於80%**。

　　順帶一提，有些航班所乘載的貨物重量會大於旅客。對於生鮮食品或是需要緊急運送的物品，噴射客機都可以在短時間之內將貨物送達。波音777-300ER所配置的貨物室比波音747還大10%以上，因此不僅僅是燃料的節省與客艙的加大，在貨物運送的角度來看，波音777-300ER也是極具優勢的客機。

世界最大的雙引擎飛機

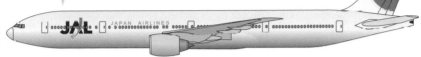

波音777-300ER
最大起飛重量：352.4噸
日本啟航：2004年

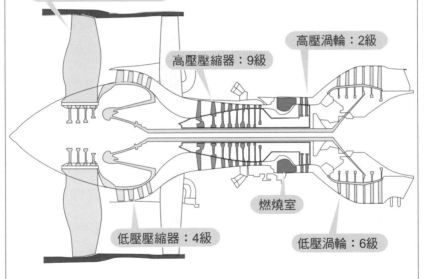

奇異GE90-115B
2軸型引擎　旁通比：9.0
最大推力：115,300磅（52.3噸）× 2

風扇1級：直徑3.25m

高壓壓縮器：9級

高壓渦輪：2級

燃燒室

低壓壓縮器：4級

低壓渦輪：6級

2-15 世界最大的客機
裝置引擎位置的祕密

　　在世界最大的雙引擎飛機啓航數年後的2007年，世界最大的客機空中巴士A380也啓航了。若客艙只配置經濟艙，那麼空中巴士A380就可以放進超過800人的座位，即使配置分爲頭等艙、商務艙、經濟艙，也能提供超過500人搭乘，且每一位乘客所能擁有的空間，都比一般的客機更寬廣。

　　由A380所採用的引擎當中，最具代表性的，就是勞斯萊斯特倫特900。它是擁有低壓、中壓、高壓壓縮器的3軸型引擎，最大推力來到34.7噸。外側引擎距離機身中線有25.7m之遙，考量到可能造成左右推力不均的風險，**降落時所使用的引擎反向噴射裝置，只設置於內側引擎**。此外，同爲四引擎飛機的波音747-400，其距離機身中線的距離爲20.83m；雙引擎飛機的空中巴士A330爲9.37m，波音777-300ER則爲9.61m。

　　順帶一提，撐起飛機重量的是機翼。位於機翼產生足以支撐飛機重量的升力，與飛機本身重量之間，有個狹窄的翼根，必須長時間承受非常大的作用力。**能夠緩和這個作用力的，就是引擎本身的重量**。也就是說，引擎可同時擔任砝碼的功效，且愈往翼端，功效愈大。不過，若引擎離機身中心線太遠，一旦引擎發生故障，左右推力差異的影響會造成不小的問題。而相反的，若引擎太過接近翼根，不僅砝碼的功效又會大大降低，與跑道的距離過近，使飛機在著陸時，即使只是輕微觸碰到地面，其危險性都相當高。綜上所述，**不難明白引擎裝置的位置，是經過多少考量與精心規劃而決定的吧**。

世界最大的客機

空中巴士A380-800
最大起飛重量：562噸（選配571噸）
啟航：2007年

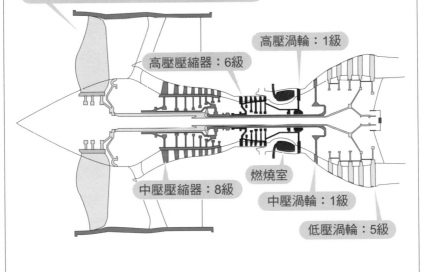

勞斯萊斯特倫特900
3軸型引擎 旁通比：8.7
最大推力：76,500磅（34.7噸）× 4

低壓壓縮器（風扇）：1級（直徑2.95m）

高壓渦輪：1級

高壓壓縮器：6級

燃燒室

中壓壓縮器：8級

中壓渦輪：1級

低壓渦輪：5級

2-16 超音速客機(SST)
協和式客機的極限

　　首次以超過音速的速度飛航的協和式客機於1976年首次啟航，已於2003年正式引退。爾後，再也沒有出現超音速客機。讓我們來探究其中的原因。

　　超音速客機為了對應從零到超音速的速度，它採取許多與一般客機不同的外觀設計，例如大家較為熟知的**三角翼**等。

　　不僅外型，引擎也一樣。飛機要以超音速飛行，其引擎噴出氣體的速度也必須超越音速。要達到這樣的效果，**引擎的排氣口就必須擴大**。當空氣的速度超過音速時，其流動的特性會產生變化：排氣口必須擴大才得以加速。其實這就是火箭引擎的排氣口設計極大的原因。然而，當飛行速度低於音速時，其排氣口又必須縮小。因此，超音速客機所使用的引擎必須是可以改變排氣口大小的**可調節進氣道**。此外，當飛行速度接近音速時，空氣阻力會急遽增大，說得白話一些，就是為了要超越「**音障**」，必須得提高推力。因此，超音速飛機必須配備**後燃器**（Reheater，一種再加熱裝置，奇異公司的引擎則稱為Afterburner）這種**增加推力的裝置**。

　　從以上說明，不難想見超音速客機比一般噴射客機相比，其費用會高出多少。此外，渦輪噴射在起飛、著陸時的噪音問題，以及當飛機超過音速時產生的衝擊波，也稱為**音爆**，所產生的問題也都不容小覷。就因為這樣，使得超音速客機被限制只能在海上飛行時才能以超音速飛行等等，不只是要突破「音障」，「噪音之牆」也不得不克服呢！

超音速客機（SST）

協和號
啟航：1976年
最大起飛重量：185噸
巡航速度：2.02馬赫

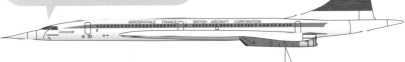

勞斯萊斯奧林帕斯渦輪噴射引擎593馬克610
最大推力（使用後燃器時）：38,400磅（17,410kg）× 4

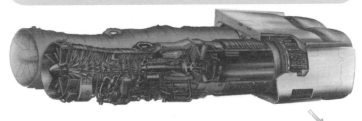

引擎

起飛時的進氣口

可調節進氣道
未超越音速時，
縮小以加速排氣

引擎

超音速時的進氣口

可調節進氣道
超越音速時，
擴大以加速排氣

地球真的是圓的

聽說古代人是因為當有船從海的另一頭駛來，會先看到桅桿，接著才看見船身，這才驚覺到地球是圓的。其實，飛機也同樣能證明地球是圓的。

在羽田機場的跑道還不多的時候，到了班機進出較頻繁的時段，常會有班機必須在跑道前等待其他飛機著陸。已經開始準備進場的飛機，**看起來卻比正飛行在約18km以外的木更津市上空900m的飛機位置還高**（如下圖）。地球果然是圓的呢！

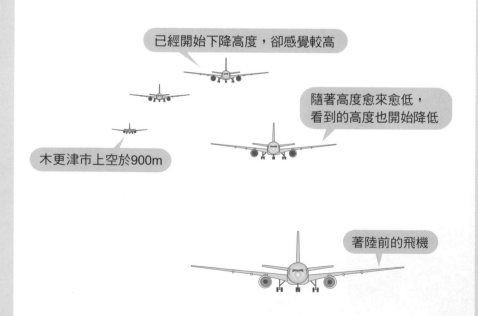

已經開始下降高度，卻感覺較高

隨著高度愈來愈低，
看到的高度也開始降低

木更津市上空於900m

著陸前的飛機

第3章

噴射引擎

噴射引擎產生推力的原理，和氣球飛竄的原理相同。
這個原理到底是什麼？
現在的噴射客機多採用渦輪扇引擎的原因又是什麼？
讓我們在這個章節中尋找答案吧！

3-01 氣球飛竄的力道
飛竄的強度與力之間的關係

　　想要了解引擎構造或引擎推力之前，讓我們先思考氣球飛竄的原因以及令氣球飛竄的力量來源。

　　當我們放開吹飽的氣球吹氣口，隨著空氣瞬間噴出，氣球也跟著飛竄。不過這並不是因為吹氣口噴出的空氣擠壓周邊空氣所造成的。氣球之所以會這樣飛，與周邊空氣無關，而是**氣球內所噴出空氣的反作用力**。也就是說，**氣球會以噴出空氣的強度，往反方向飛竄**。同理可知，即使在沒有空氣的外太空，氣球也能夠飛竄。

　　噴出的空氣量愈多，或是噴出的強度愈強，氣球就愈會飛。就像丟棒球一樣，硬的球比軟的球飛得遠、球速愈快、球的態勢愈是強勁。從這樣的原理，會歸納出以下公式：

　　（氣球飛竄的強度）＝（噴出的空氣量）×（空氣噴出的速度）

　　此外，氣球飛竄的強度也會隨著時間產生變化，這是因為發生在氣球本身的作用力大小會改變。換句話說，每一秒鐘噴出的空氣強度會與氣球所承受的作用力相等，因此：

　　（氣球飛竄的力量）＝（每秒噴出的空氣量）×（空氣噴出的速度）

　　從這個公式我們不難了解，多少量的空氣、以多快的速度噴出，會決定氣球飛竄的力量。

氣球飛竄的力道

（作用力：空氣噴出的強度）＝（反作用力：氣球飛竄的強度）

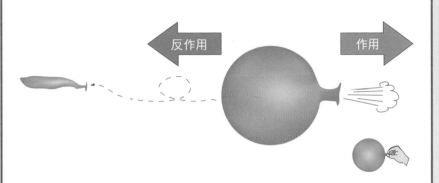

（空氣噴出的強度）＝（空氣量）×（空氣噴出的速度）

（氣球飛竄的力量）＝（每秒噴出的空氣強度變化）
　　　　　　　＝（每秒噴出的空氣量）×（空氣噴出的速度）

・噴出的空氣量愈多，飛竄的力道愈大
・噴出的空氣速度愈快，飛竄的力道愈大

噴射引擎的力道
籠統的説，就與氣球無異

　　空氣之所以會從氣球內往外噴，是由於氣球內的空氣受到橡膠張力壓縮，使得氣球內部氣壓高於外部所致。就如同水往低處流一樣，空氣也會從氣壓較高的氣球內部自然地向外噴出。這證明了壓縮空氣擁有讓氣球飛竄的能力，換句話說，**壓縮空氣本身是夾帶著能量的**。

　　說個題外話，挾帶強風豪雨的颱風算是很恐怖的氣象現象吧。假設颱風的氣壓為980hPa，相對於1大氣壓力的1013hPa，氣壓差異僅有3%。這樣的低數據一般人根本不會去注意，然而就在這麼一點點的差異中，竟然蘊藏了大量的能量。

　　噴射引擎的原理和氣球完全相同，**利用壓縮空氣的能量向後噴射所形成的反作用力來取得推力**。如水從愈高處流下，其衝力愈強。空氣也一樣，氣壓的差異愈大，空氣噴出的強度愈強。假設氣球內的氣壓和颱風一樣有3%的氣壓差異，也就是1.03大氣壓力，換成噴射引擎的話，可以壓縮到30大氣壓力，因此可以發揮極大的力量。

　　但是，不論壓縮空氣擁有多大的能量，飛機無法像氣球一樣僅靠壓縮空氣就飛翔。與即使在太空中都能飛翔的氣球不同，若缺少了製造升力的空氣，飛機是無法飛行的。因此，不像氣球那樣只需將壓縮空氣儲存，**飛機必須不斷大量吸入周圍空氣後壓縮，再以連續噴射的方式才得以飛翔**。

壓縮空氣

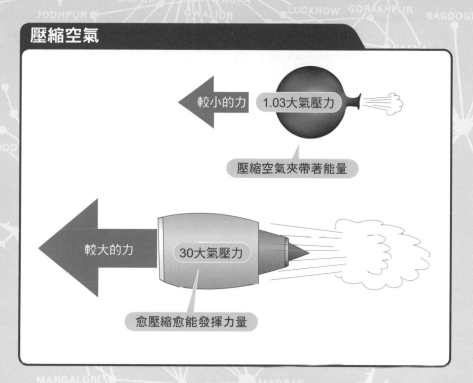

較小的力　1.03大氣壓力

壓縮空氣夾帶著能量

較大的力　30大氣壓力

愈壓縮愈能發揮力量

吸入空氣後壓縮

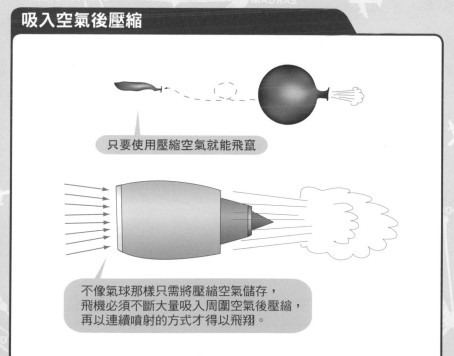

只要使用壓縮空氣就能飛竄

不像氣球那樣只需將壓縮空氣儲存，
飛機必須不斷大量吸入周圍空氣後壓縮，
再以連續噴射的方式才得以飛翔。

3-03 飛行時的推力
「總」與「淨」

　　就算同樣是利用壓縮空氣的能量，氣球是採取儲存的方式，而噴射引擎則是採用吸入的方式。將周邊空氣吸入所產生的引擎推力，會深刻地影響到飛機飛行的速度。其中的原因是什麼呢？

　　利用儲存方式的氣球，即使在真空的環境下也能飛竄，這意味著氣球飛竄的能力和周圍的空氣並無關聯。同樣的，因為火箭會自備氧氣與燃料，因此火箭引擎的推力與周圍空氣也並無相關。

　　另一方面，利用吸入周圍空氣再加以壓縮的噴射引擎，**若未以大於飛機飛行的速度噴射，就無法產生足夠的推力**。因此，要讓飛機可以確實飛行，減掉吸入空氣的強度後應為正值。

　　在不考慮飛行速度，也就是飛機型錄上所登載的推力，稱為**總推力**（Gross Thrust），公式為：

　　（總推力）＝（每秒吸入的空氣量）×（噴射速度）

　　而將總推力減掉吸入空氣量強度所得的推力，稱為淨推力（Net Thrust），公式為：

　　（淨推力）＝（每秒吸入的空氣量）×（噴射速度－飛行速度）

　　從這個公式可知，若噴射速度低於飛行速度，則淨推力就會成為負值。在實際操作上，將引擎怠速迴轉降落時，其所產生的負推力會成為像煞車一樣的阻力。

飛翔時的推力

噴射引擎與螺旋槳的原理都一樣。
利用將空氣強勁地往後方噴射的
反作用力產生向前的推力。

（飛行速度）＝（引擎的進氣速度）
因此，若不以大於飛行速度，
也就是高於引擎進氣的速度噴射，則無法藉由空氣產生推力。

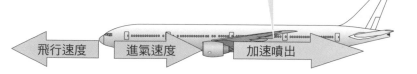

飛行速度　　進氣速度　　加速噴出

飛機飛行時的推力（淨推力）
　（淨推力）＝（每秒吸入的空氣量）×（噴射速度－飛行速度）

3-04 噴射引擎的形狀
將壓縮空氣加熱以提高能量

　　進氣、壓縮、之後再連續噴射，要完成這樣的任務，如果用往復式引擎的汽缸那種密閉式容器，是不可能做到的。必須讓空氣的入口和出口相通，才能不斷地進行壓縮、噴射。也就是說，其形狀就必須是**前後皆為開放式的設計**。從這個概念來思考噴射引擎的形狀，應該會是右上圖的形象。

　　噴射引擎是由空氣的進氣口、壓縮裝置、加熱場所、轉動壓縮裝置的渦輪、和排氣噴嘴所組成。將吸入的空氣壓縮後，進一步地加熱膨脹以提高能量，這些能量，一部分用在轉動壓縮空氣用的渦輪上，剩餘的部分，就轉換為速度能量，從前端較窄的筒狀裝置——噴嘴，一口氣用力噴出以產生推力。

　　噴射引擎就是這樣將本身因為被壓縮後體積變小而溫度上升的空氣，再進一步地加熱，**使之膨脹，以提高能量**（右下圖）。

　　不過，引擎並非透過燃燒燃料，就能從原本靜止的狀態下瞬間啟動。首先，必須藉由空氣運作的**氣體壓縮啟動器**（或**電動馬達**），透過齒輪帶動壓縮器轉動。接著，自然地吸入空氣並開始壓縮。透過馬達持續壓縮一直到空燃比達到理想狀態後開始燃燒並轉動渦輪。在引擎能夠完全自主轉動前，少不了馬達的從旁協助。

噴射引擎的形狀

將吸入的空氣壓縮後，進一步地加熱膨脹以提高能量，這些能量，一部分用在轉動壓縮空氣用的渦輪上，剩餘的部分，轉換為速度能量，從前端較窄的筒狀裝置——噴嘴，一口氣用力噴出以產生推力。

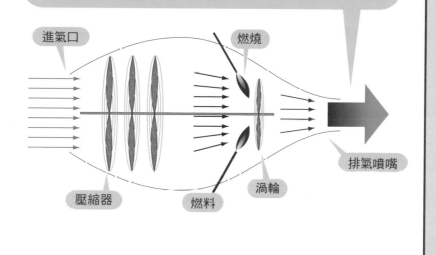

進氣口

燃燒

壓縮器

燃料

渦輪

排氣噴嘴

空氣的性質

$$\frac{（壓力）\times（體積）}{（溫度）} =（常數）$$

Combined Gas Law

・壓力升高時 ⟹ 體積變小，溫度上升

・在壓力一定的狀態下加熱 ⟹ 體積增大

・空氣流動空間縮小 ⟹ 加速（文氏效應，Venturi effect）

3-05 離心式壓縮器
利用離心力與擴散作用

接下來讓我們一窺噴射引擎內部的究竟。首先，就是**壓縮空氣的裝置**。

最早登場的壓縮器，是**離心式壓縮器**。它的構造與提供往復式引擎汽缸壓縮空氣的渦輪增壓器一樣，是由右圖中的增壓葉輪（Impeller）、擴散器（Diffuser）、歧管（Manifold）所組成。

當流動的空氣到了較寬廣的位置時，其速度能量會轉變為壓力能量，也就是說，**當速度變慢，壓力就會上升**。離心式壓縮器的原理就是運用了空氣的這個特性。利用高速旋轉的葉輪片所產生的離心力使空氣加速壓向擴散器，當空氣來到入口小、出口大的擴散器，空氣速度變慢而受到壓縮。

順帶一提，若空氣流動速度超越音速時，性質整個會顛倒。當空氣來到較寬廣的場所，速度會變快，壓力會下降。因此超音速客機的引擎必須要有一個可以同時對應兩種性質完全相反的空氣入口與可變式排氣管等裝置。

一組增壓葉輪加上一組擴散器的組合稱為1級。每一級的壓縮比（壓縮器前後的壓力比）約高達3～4，然而構造上的上限為2級，最大的壓縮比約為6～7。因此，離心式壓縮器較常用於中小型飛機的渦輪螺旋槳引擎、小型直升機用的渦輪軸引擎、或是用在供給飛機配備輔助電源的APU（輔助動力裝置）。

離心式壓縮器

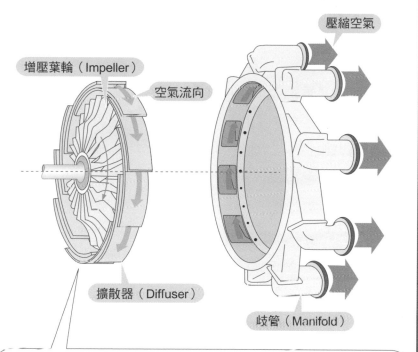

壓縮空氣

增壓葉輪（Impeller）

空氣流向

擴散器（Diffuser）

歧管（Manifold）

擴散器的入口窄、出口寬

因增壓葉輪而加速的空氣　　變寬 —→ 減速 —→ 壓力升高

空氣流動時的特性
・空間變寬時速度降低
・減速時壓力升高

軸流式壓縮器
積少成多

　　請參考右方圖示。**軸流式壓縮器**是由**轉子**（Rotor）於**定子**（Stator）**內高速迴轉，藉以吸入並壓縮空氣**。在設計上，愈往後方，轉子與定子會愈小，這主要是為了受到壓縮而體積變小的空氣能夠維持一定的速度而下的工夫。

　　為了保持壓縮器內流動的空氣速度維持一定，愈後方就愈小的轉子，就必須以愈快的速度轉動。因此，軸流式壓縮器會分為在低速迴轉的**低壓壓縮器**、高速迴轉的**高速壓縮器**的雙軸，或甚至追加一個**中壓壓縮器**而成為三軸構造。

　　轉子與定子是噴射引擎不可或缺的兩套配備。而不論是轉子或定子，若太小，其壓縮效率就會降低，也因此，採用軸流式壓縮器的噴射引擎不論多努力致力於縮小體積，仍有其一定的限制。

　　一組轉子與定子稱為 **1 級**，每一級的壓縮比，與離心式壓縮器的3～4比起來小了許多，軸流式壓縮器約為1.3～1.4。但是，離心式壓縮器最多僅能有2級，而軸流式壓縮器則**可重疊好幾級**。例如右方圖例為JT3C引擎的低壓壓縮器，共有9級，就算1級都只有1.3：

　　第 1 級：$1 \times 1.3 = 1.3$

　　第 2 級：$1.3 \times 1.3 = 1.69$

　　　　　⋮

　　第 9 級：$8.15 \times 1.3 = 10.595$

即便是低壓壓縮器，都可以壓縮到十倍以上呢！

軸流式壓縮器

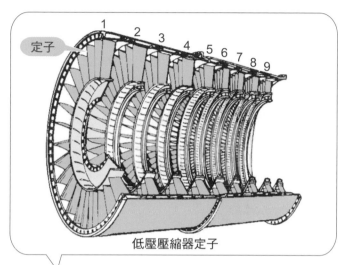

定子

低壓壓縮器定子

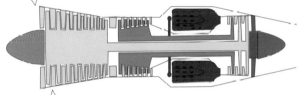

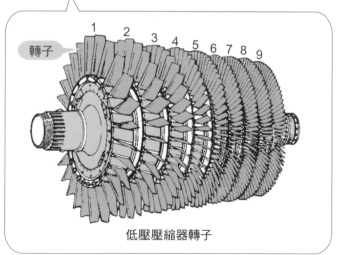

轉子

低壓壓縮器轉子

3-07 壓縮器的空氣力學
壓縮的原理

　　不論是軸流式壓縮器或是離心式壓縮器，流動的空氣到了通道較寬廣處會減速，同時壓力上升，這種屬於空氣本身的特性是共通的。因此，不論是壓縮器的轉子或定子，其出口都比入口較寬。

　　首先，通過**入口導片**（Inlet Guide Vane；IGV）的空氣，因為高速迴轉的第1級轉子而獲得動能。擁有動能的空氣通過**第1級定子**後，速度降低，壓力提高。速度回復到與流入時相當的空氣，到了**第2級轉子**後又開始加速。離開轉子之後又開始速減壓升，流入第2級定子。接著，通過定子後再度減速並提高壓力。如此不斷反覆，在維持適當空氣速度的同時，空氣壓力不斷升高。

　　在這個階段，若進氣量與速度和壓力之間失去平衡，於壓縮器內流動的空氣就會產生紊亂，發生瞬間停止或激烈變動的**湧振現象**（surging），壓縮器可能會發出「哆哆」的巨大異音、轉子與定子破損、異常燃燒而造成渦輪燒毀等嚴重的損壞。

　　為了避免產生湧振現象，**引擎必須做好進氣量與壓縮程度的控制**。因此，在裝置上，必須增加可從燃料控制裝置和壓縮器中抽出多餘的空氣、可配合迴轉速度改變定子角度的可變式定子等等。

壓縮器的空氣力學

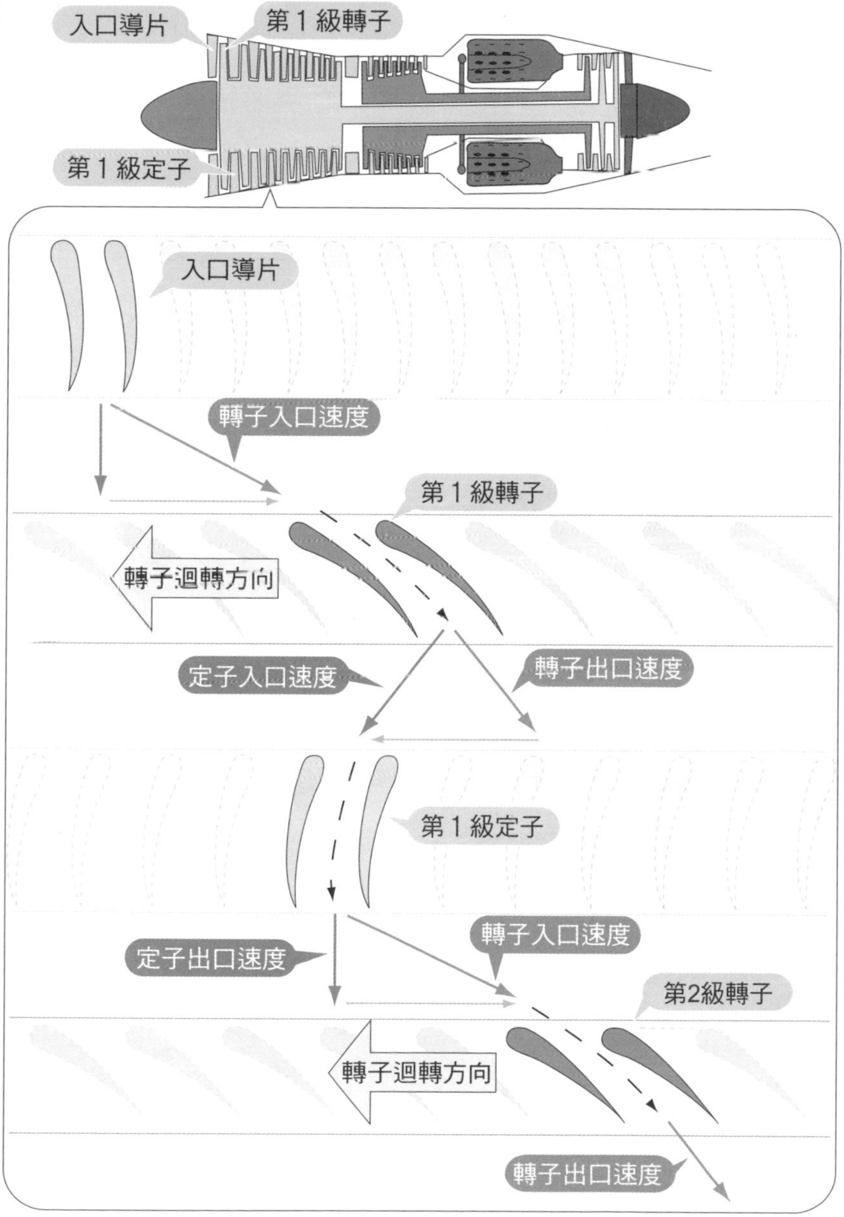

入口導片　　第 1 級轉子

第 1 級定子

入口導片

轉子入口速度

第 1 級轉子

轉子迴轉方向

定子入口速度　　　轉子出口速度

第 1 級定子

轉子入口速度

定子出口速度　　　　　第2級轉子

轉子迴轉方向

轉子出口速度

燃燒室
追加熱能的場所

不需任何能量就能永遠轉動的永動機器是不存在的。若沒有提供能量,不論是什麼機器,都無法轉動。而提供噴射引擎能量的場所,就在**燃燒室**。

通過壓縮器後,不論是溫度、壓力都已經升高的空氣,在燃燒室進行更進一步的加熱,這讓即使已經完成轉動壓縮器任務的渦輪前後溫度變化,仍不及壓縮器前後的溫度變化。也就是說,**完成壓縮器的轉動後,熱能中仍保留了足夠的壓力能量,能夠轉換為速度能量而強力噴射。**

加熱的溫度愈高,就能產生愈大的推力。但是,長時間處於高溫氣體環境下高速迴轉的渦輪,很可能因為熱應力及離心力而導致變形,因此,引擎內會以二次空氣吹拂使渦輪轉動,而非使用剛燃燒完的氣體直接吹向渦輪。相對於約2,000℃的燃燒溫度,初期噴射引擎的渦輪入口溫度最大僅有1,000℃,而現在,在渦輪葉片耐熱性及冷卻技術的不斷提高之下,耐溫程度已經可以提高到1,600℃左右。

此外,從噴射引擎啟動時的點火開始,就會連續性的燃燒,因此不需要向往復式引擎時代那樣必須精確地計算出讓火星塞動作的時間點。噴射引擎的燃燒室內火焰消失,就會造成**引擎熄火**(Flame out)。

燃燒室

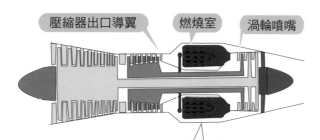

圖例為CF6-80系列

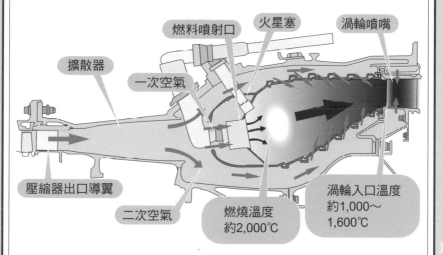

壓縮器出口導翼　燃燒室　渦輪噴嘴

燃料噴射口　火星塞　渦輪噴嘴

擴散器

一次空氣

壓縮器出口導翼

二次空氣

燃燒溫度
約2,000℃

渦輪入口溫度
約1,000～
1,600℃

- ・壓縮器出口處約為30～40氣壓、溫度約為500～700℃，時速約500km
- ・經由擴散器後燃燒使速度降低到適當的速度
- ・整體壓縮空氣的25%為一次空氣，進入燃燒室
- ・整體壓縮空氣的75%為二次空氣，有冷卻功能
- ・在14～16：1的空燃比下，燃燒溫度約為2,000℃
- ・藉由二次空氣冷卻後進入渦輪噴嘴

3-09 渦輪
如何轉動壓縮器？

　　為了能有效率地壓縮，壓縮器分為低壓壓縮器、高壓壓縮器兩軸，甚至加上中壓壓縮器的三軸構造。**每一個壓縮器都有各自使之轉動的渦輪**。其中，必須要以最高速迴轉的高壓渦輪位於燃燒室正後方，接著往下流才分別為中壓、低壓渦輪。渦輪與渦輪之間，並無機械性的連接，各自都是獨立轉動。

　　如我們在澆水時，會將水管前端用手指按壓，讓水勢變強且噴得更遠。而令渦輪轉動的**噴嘴**也同樣原理，為了把壓力能量轉換為速度能量，噴嘴的**出口設計較為狹窄**。為了能有效率的承受源自於噴嘴，且因為燃燒氣體而產生的衝擊，渦輪葉片根部的形狀被設計為V型，稱為**衝擊式渦輪**。

　　然而，愈靠近葉片前端，通過噴嘴前的速度愈快，燃燒氣體所造成的衝擊力就會變小。因此，必須思考一個能夠讓葉片前端不完全依賴衝擊力的方法。最後的對策，就是**縮小渦輪與渦輪之間的距離，使通過渦輪之間的氣體能夠因而加速**。其實這就和飛機主翼將空氣加速並往下吹所產生的反作用力作為推力的來源，是一樣的道理。利用氣體加速的反作用力取得一個轉動的力。這個靠氣體的反作用力得到迴轉力的渦輪，稱為**反力式渦輪**。

　　綜上所述，渦輪就是利用從根部到尖端，形狀不停改變的葉片，有效地運用氣體能量使壓縮器轉動。

渦輪

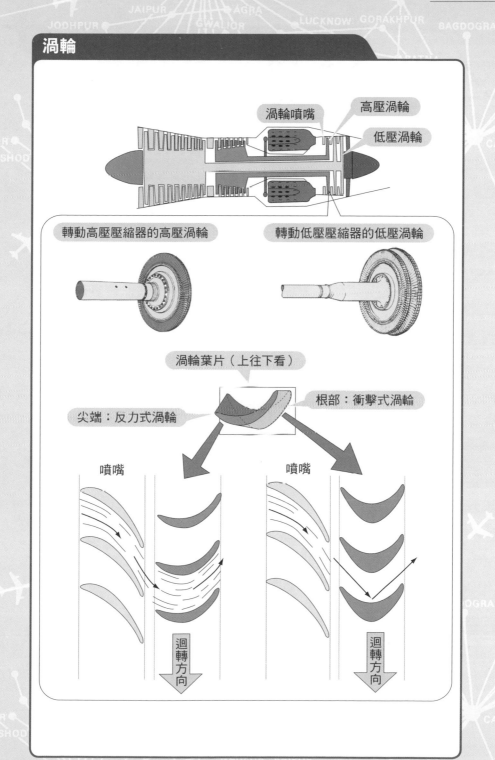

渦輪噴嘴　高壓渦輪　低壓渦輪

轉動高壓壓縮器的高壓渦輪　　轉動低壓壓縮器的低壓渦輪

渦輪葉片（上往下看）

尖端：反力式渦輪　　根部：衝擊式渦輪

噴嘴　　噴嘴

迴轉方向　　迴轉方向

3-10 排氣段
將燃燒氣體排出大氣中的裝置

　　轉動渦輪後的燃燒氣體，隨著迴轉的方向，立刻整流並加速噴射到大氣之中。要讓燃燒氣體能夠加速噴射，**排氣管線的出口就必須較為狹窄，並接續到排氣噴嘴**。這個原理就和將熱風強力吹出的吹風機一樣，出口先端會縮窄。

　　負責將排氣氣體整流的，是**排氣支撐架**和圓錐形的**尾錐**（Tail Cone）。排氣支撐架是支撐渦輪及壓縮器轉動軸的重要裝置，設計上十分堅固，因此有時會被裝設在搭載引擎的後方底座上。

　　此外，監視引擎是否過熱的**溫度感知器**也位於排氣段。照理說應該要測量渦輪的入口溫度，但因為沒有感知器能夠耐1,000℃以上的高溫，且假設感知器熔解飛散的話，一定會破壞後方的渦輪，引擎也將支離破碎。因此，飛機是利用排氣氣體的溫度（EGT）來推測渦輪進氣溫度（TIT）的狀態。

　　不過，像右圖的引擎，將所有燃燒氣體能量都轉換為速度能量，是沒有考慮到噪音及燃油消耗，對於客機而言，並不是恰當的選擇。除了噴射速度之外，空氣的量也會影響到推力的大小。如果是一般的客機，飛行速度並不會超過音速，那麼，**不要一味地提高噴射速度，而應盡可能增加空氣量，才會是最適當的方式**。

排氣段

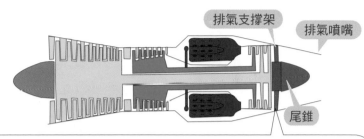

排氣支撐架

排氣噴嘴

尾錐

排氣段

- ·排氣氣體加速並整流後噴出
- ·支撐壓縮及與渦輪轉動軸的重要部位
- ·位置在引擎的後方底座（裝置於機身的底座）

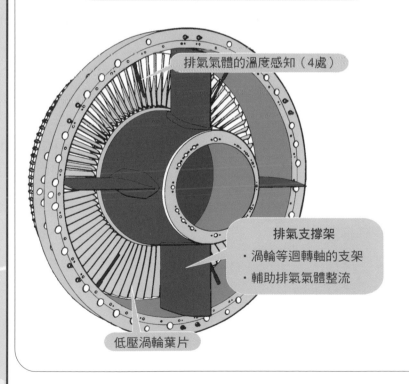

排氣氣體的溫度感知（4處）

排氣支撐架

- ·渦輪等迴轉軸的支架
- ·輔助排氣氣體整流

低壓渦輪葉片

3-11 渦輪扇
油耗低、噪音減

　　為什麼對於客機的噴射引擎而言，增加空氣量會比提高噴射速度來得適合呢？讓我們來利用「**推進效率**」這個量測引擎效率的「尺規」來作說明。

　　所謂推進效率，是用在飛機推進的能量與引擎出力能量的比例，簡單來說，**就是引擎出力的能量當中，有百分之多少最後用於推進的能量**。推進效率會受到飛行速度與噴射速度的影響，當這兩個速度愈接近，表示推進效率愈好。不過，如果噴射速度與飛行速度相同時，不會產生淨推力，因此理論上，100%的推進效率是不存在的。

　　若是超音速客機的話，噴射速度必須要超過飛行速度，也就是音速以上。然而，對於飛行速度為音速80％左右的客機而言，若噴射速度大於飛行速度過多，不僅噪音會變大，推進效率也會變差。

　　這就和游泳一樣，啪搭啪搭的拍水前進，還比不上穿著蛙鞋緩緩地滑動那樣有效率。同理可證，與其將能量全都轉換為速度能量，**還比不上利用渦輪扇轉動，配合飛行速度噴射出大量的空氣**，才真正對於提高推進效率來得更有效果。此外，風扇所噴射出的空氣會包覆著從中心部噴出的氣體，噪音也因此能夠有效地降低。

渦輪扇

JT8D-9

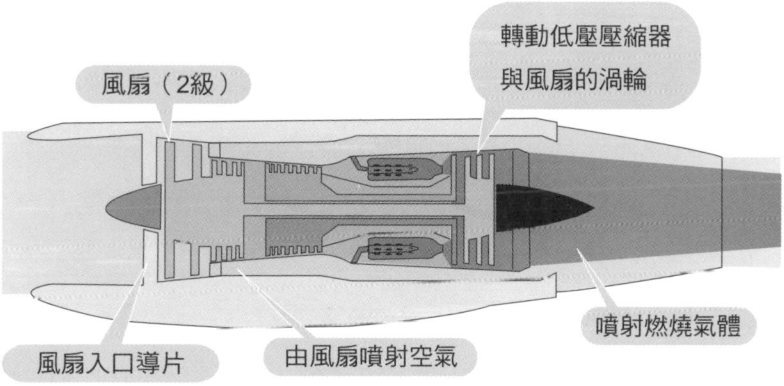

風扇（2級）

轉動低壓壓縮器
與風扇的渦輪

風扇入口導片

由風扇噴射空氣

噴射燃燒氣體

CF6-45A2

風扇（1級）

轉動低壓壓縮器
與風扇的渦輪

由風扇噴射空氣

噴射燃燒氣體

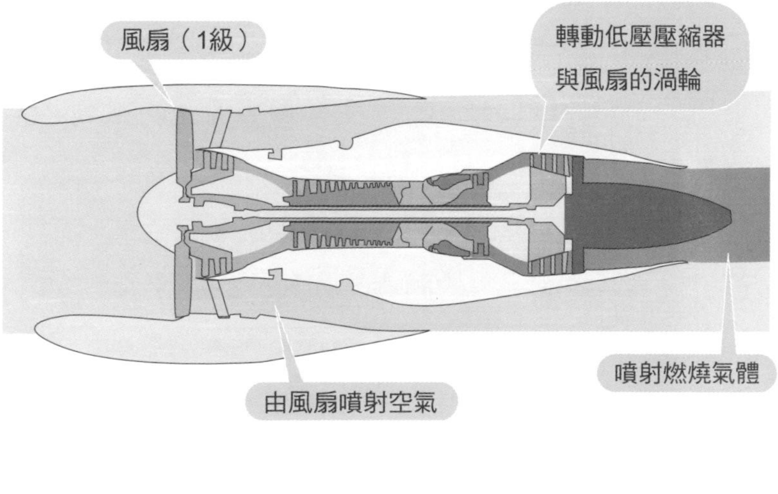

3-12 風扇的大小
愈來愈大的風扇

　　渦輪扇引擎有另一個英文名稱，叫作Bypass Engine。正如其名，渦輪扇並不只靠燃燒氣體的噴射來產生推力，同時也是會利用未進入核心引擎的空氣噴射來製造推力的引擎。未進入而只是經過核心引擎的空氣比例，就稱為旁通比（bypass ratio）。

　　初期的渦輪扇引擎代表——P&W的JT8D，其旁通比為1.1，經過風扇的空氣量僅是進入核心引擎空氣量的1.1倍。號稱擁有世界最大推力的奇異GE90-115B，其旁通比則高達9.0，**風扇所製造的推力竟然將近總推力的80%**。

　　進入核心引擎的空氣量低，意味著需燃燒的燃料也較少，因此，**旁通比愈大，燃油消耗就會愈低**。而隨著旁通比及推力的增加，風扇的直徑也不斷由1m增大到3m。因為風扇變大，風扇的葉片也從40片降低到20片，支撐風扇並預防風扇之間震動的引擎罩蓋也不再需要了。

　　如果是螺旋槳的話，可能會因為螺旋槳前端的速度大於音速，而出現引擎效能不彰的問題。相對於螺旋槳直徑約為5m，風扇跟它比起來較短，約為3m，但因為經過葉片前端的空氣速度仍已接近音速，因此與螺旋槳可說是半斤八兩。所幸，風扇和機翼一樣，可以利用**後退角**減少引擎可能發生的效率低落。除此之外，也可以從風扇的形狀、進氣口的設計等方面著手。細節就在下一章節好好說明吧。

風扇的大小

JT8D-9

34片

旁通比：1.1

1.01 m

總壓縮比：18倍

CF6-80C2

38片

引擎罩蓋

旁通比：5.0

2.36 m

總壓縮比：30倍

GE90-115B

22片

旁通比：9.0

3.25 m

總壓縮比：42倍

動力操縱桿

　　噴射引擎的油門是**動力操縱桿**，可以直接決定燃料量。不過，汽車的油門踏板所控制的，是調節進氣量的節流閥。藉由節流閥開啟的程度，再搭配空氣量補給燃料的多寡，最後成為引擎的出力。

　　在往復式引擎時代的航空界，有稱為節流閥桿或動力桿的裝置，是用來控制節流閥的。動力相當於物理學上的馬力，因此轉動螺旋槳的渦輪螺旋槳引擎，使用動力桿這樣的裝置名稱是非常合適的。然而，大多數的渦輪扇引擎卻也稱之為動力桿。

　　正式的名稱，隨著自動推力控制裝置和飛機不同而略有差異。空中巴士機到A310為止的機種，都稱為Throttle Lever或Auto Throttle；A320以後的機種，因為線控飛行的出現，開始稱為Thrust Lever或Auto Thrust。而波音機則不論是什麼機種，都稱為Thrust Lever或Auto Throttle。

　　飛行員所操作的操縱桿，並非機械式的接線控制，而是利用轉換電氣信號以傳達到引擎。在操縱桿與引擎之間是靠接線控制的時代，引擎的震動也會傳遞到操縱桿上呢！此外，即使指針上顯示相同的轉速，但操縱桿的位置多少都會有些差異。而現在，一個操縱桿位置只會對應一個轉速，彼此會相互調整，解決了操縱桿誤差的問題。

第4章

啟動噴射引擎的系統

要充分發揮引擎的能力，必須具備哪些系統？
例如從燃料槽將燃料送到引擎的構造、啟動引擎的裝置等等，
讓我們從引擎的入口到出口，仔細看一輪吧！

4-01 引擎外罩
功用可不僅止於保護引擎

　　噴射引擎的外罩，依照它裝置的位置是在機翼下方或是機身，有時候會被稱爲引擎艙或是吊艙。不過，絕大多數的**引擎罩**，是沿用螺旋槳飛機所採用的名稱──**整流罩**。

　　整流罩的功用不僅僅在於保護引擎，還能夠將飛機適當地維持在能夠讓空氣流入引擎的姿態，減輕飛機整體的空氣阻力、並減低噪音等等，功用還眞是不少。

　　進氣罩又稱爲整流罩之前緣（Nose Cowl），就如其名，它位於整流罩的鼻端，擔任維持適切的引擎進氣狀態這個重任。此外，**風扇整流罩**內側配置了許多引擎的輔助裝備（發電機、油壓幫浦、燃料控制裝置等等），爲了便於維修，風扇整流罩可以如同鳥類翅膀一般向上展開。開啓後，我們會看到整流罩內側張貼著防止噪音用的**吸音板**。另外，爲了能供給並點檢引擎油的狀態，也有一個稱爲**導管監視窗**的可開閉小窗戶。

　　風扇反向噴射除了能如同噴嘴，將來自風扇的空氣噴射之外，在飛機降落時，會向後滑動，與前方的風扇整流罩之間空出一個間隔，並將來自風扇的空氣向前方噴射。最後，在整流罩最下方有個廢液出口，能夠將因洩露而囤積於引擎內部的微量燃油等排出機外，以避免可燃液體氣化而引起火災。

引擎外罩

外罩（整流罩的功用）
・保護引擎
・減少空氣阻力
・維持適當的進氣狀態
・降低引擎噪音

波音777-300ER

GE90-115B 引擎

前引擎底座

後引擎底座

排氣噴嘴

風扇匣

尾部整流罩
（Core cowl）

風扇反向噴射（Fan Reverser）

風扇整流罩（Fan cowl）

進氣罩（Inlet Cowl）

・廢液出口（Drain mast）：引擎內部堆積的燃油排出口
・導管監視窗：引擎油的供給口等等

進氣口
並非只是開個大口

螺旋槳是一直暴露在大氣之中的部位,因此螺旋槳會直接受到與其飛行速度對等的風切。也因此,當飛行速度過快,即時努力抑制迴轉速度,螺旋槳前端速度仍會超過音速而產生衝擊波,使得飛行效率大大地降低。與螺旋槳相比,渦輪扇則因為風扇受到整流罩的包覆,不再出現像螺旋槳那樣的問題。這其中,又有何巧思呢?

從進氣口朝向引擎內部觀察,我們會發現,較深的地方比進氣口還要寬廣。當空氣進入到這個寬廣空間時,**速度降低、壓力上升的空氣特性**,在前面的章節曾經提到,您想起來了嗎?和壓縮器的轉子和定子一樣,在引擎進氣口內部,因為擴散效果使得流入的空氣速度降低,壓力上升。即使飛行高度為10,000m,飛行速度為0.83馬赫(895km/h),通過進氣口後,空氣速度降低到約0.5馬赫(540km/h),對於風扇而言是個舒適的速度,因此風扇完全可以不需介意飛行速度而致力轉動。

此外,當飛機在強烈側風的環境下起飛上升時,必須將飛機姿態朝上。愈是到了這種情況,進氣口也扮演著讓空氣朝向風扇均勻流入的關鍵角色。

還有稱作衝壓效應(Ram Effect),也就是**隨著飛行速度增加,空氣被不斷擠入進氣口使進氣效率大增,進入引擎的空氣量與壓力都大幅升高**,進而使推力得以提高,也是進氣口的重要工作之一。

進氣口

飛行高度：10,000m
飛行速度：0.83馬赫（895km/h）

波音747-SR

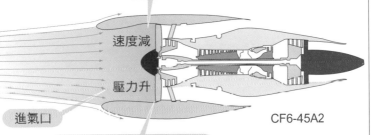

進氣口

飛行速度：895km/h

擴散器

速度減

壓力升

進氣口

CF6-45A2

風扇入口速度：540km/h

引擎進氣口內部寬廣，使得空氣速度降低，壓力上升。即使在10,000m的飛行高度，以0.83馬赫（895km/h）的速度飛行，當空氣到達風扇時，速度都會降低到約0.5馬赫（540km/h）。此外，還能造成衝壓效應（Ram Effect），也就是隨著飛行速度增加，空氣被不斷擠入進氣口使進氣效率大增，進入引擎的空氣量與壓力都大幅升高，進而使推力得以提高。

4-03 引擎防冰凍裝置
與冰之間的戰爭

　　雖然想總是在On Top（航空術語，「雲層上方」的意思）的狀態下飛航，但要降落到目的地，難免會通過雲層。除了雲之外，雪、雨、霧等天候現象，都含有水分，當氣溫較低時，飛機的機體就可能有結冰附著。

　　大氣中存在著低於0℃卻仍為液體狀態的**過冷水**。當過冷水受到刺激，就會急速結凍，因此，一旦有所碰撞，就可能在飛機上結冰。過冷水的水滴愈大、或飛行速度愈快、碰撞的位置愈尖銳，過冷水就愈容易受到刺激而結冰。而若引擎進氣口前端結冰，可能發生種種危險：

- 冰粒吸入引擎內部，造成風扇損傷
- 進氣紊亂而造成引擎無法正常運轉
- 最糟糕的情況就是引擎停止

　　為了預防這樣的危險，飛機擁有**防冰凍裝置**。請參考右圖。**從壓縮器中途處抽氣（抽取出部分的壓縮空氣），利用這裡取出的高溫放流空氣（Bleed Air），維持引擎進氣口的溫度以預防結冰，是一種在結冰產生前，提前預防的裝置。**若是機體外已經產生結冰後才啟動此裝置，則剝落的冰塊可能會被吸入引擎而造成風扇損傷。

　　另外，機翼前緣也有解決結冰的對策。但，在機翼處的結冰對策，不算是預防措施，而是協助飛機將結冰去除的功能。

引擎防冰凍裝置

Anti-Ice On！

若引擎發生結冰，則

・冰粒可能會吸入引擎內部，造成風扇損傷

・進氣紊亂而造成引擎無法正常運轉

・最糟糕的情況就是引擎停止

從壓縮器將空氣取出的配管

開閉閥

傳送高溫空氣的配管

4-04 放流空氣(Bleed Air)
盡可能地利用空氣的力量

　　從引擎壓縮器途中抽出的高溫‧高壓空氣，**並非只能用於防凍**。在此，我們以波音747爲例，一起看看放流空氣的流程。

　　吸入平流層的清澈空氣後壓縮的乾淨氣體，才會成爲放流空氣。雖然放流的空氣尚未燃燒，但**因爲經過壓縮，溫度也會上升到500℃以上**。爲此，考慮到配管的材質強度，放流空氣必須被控制在200℃、3氣壓以下。

　　在氣溫-56℃以下、氣壓不到地面20%的平流層飛航，利用潔淨的放流空氣，由艙壓控制及艙溫控制調節溫度與氣壓，提供機內一個舒適的環境。而客艙下方的貨艙，因其有時也會乘載貓、狗等寵物，放流空氣也可以作爲貨艙的暖氣來源。除此之外，還能用在油壓裝置的液壓液體儲存容器或廁所用水等等的水儲存槽加壓，使得即是在高空都能供給液壓液體或水。還有油壓氣動幫浦，只會在引擎驅動油壓幫浦所釋出的壓力過低時才會運作的備用裝置，因此在正常狀況下並不會啓動。

　　波音787的放流空氣只被利用在防冰凍裝置。需要大量壓縮空氣的機翼防冰凍裝置及空調，則是使用電力。其理由**在於希望將好不容易壓縮完成的空氣用在它原本的工作，也就是產生推力上，這樣才能有效地降低油耗**。此外，改爲電力供應，其配置會以配線取代原本的配管，飛機的整體重量也能大大地減輕。

抽氣

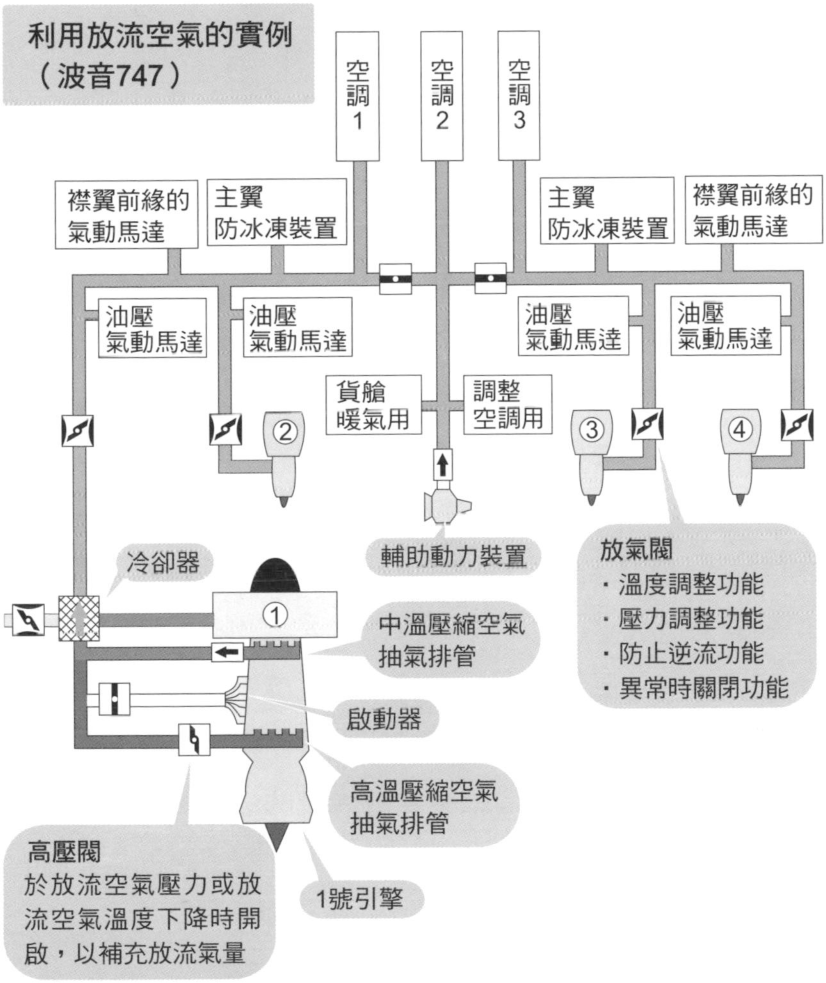

利用放流空氣的實例（波音747）

空調 1

空調 2

空調 3

襟翼前緣的氣動馬達

主翼防冰凍裝置

主翼防冰凍裝置

襟翼前緣的氣動馬達

油壓氣動馬達

油壓氣動馬達

油壓氣動馬達

油壓氣動馬達

貨艙暖氣用

調整空調用

② ③ ④

冷卻器

①

輔助動力裝置

中溫壓縮空氣抽氣排管

啟動器

高溫壓縮空氣抽氣排管

放氣閥
- ·溫度調整功能
- ·壓力調整功能
- ·防止逆流功能
- ·異常時關閉功能

高壓閥
於放流空氣壓力或放流空氣溫度下降時開啟，以補充放流氣量

1號引擎

除了上圖實例外，還有像是將液壓液體儲存容器或水儲存槽加壓，也都是利用抽入的高壓空氣完成。

4-05 附件齒輪箱(Accessory Gearbox)
說是「心臟」也不為過的油壓幫浦

　　噴射引擎除了可以製造高溫‧高壓的氣體力量之外，還可以利用高速迴轉製造油壓力及電力。也就是說，飛機是利用噴射引擎所產生的**推力、空力、油壓力、及電力**，才得以在空中飛行。

　　不論是油壓力或電力，都必須利用**高壓壓縮器**的迴轉力而產生。其理由在於，啟動引擎時所使用的啟動器，其實就是讓高壓壓縮器轉動。因此，不僅是啟動器，包括油壓幫浦、發電機、滑油幫浦、燃料幫浦等等必須使用迴轉力的裝置，都是集中在同一處，透過驅動軸與高壓壓縮器連結。像這樣集合所有幫浦等輔助裝置並驅動的裝置，就稱為**附件齒輪箱（輔助裝置驅動裝置）**。請參考右圖CF6-80A引擎的實例。

　　首先，從**油壓幫浦**開始看起。舉凡機輪收放、機輪減速、輔助翼及方向舵等裝置的運作，都必須靠油壓幫浦。如果用人體來比擬的話，**油壓幫浦就相當於人類的心臟**。如同心臟會讓血管內的血液流動，油壓幫浦施加壓力於配管內的液壓液體，使其傳送到油壓運作裝置（Actuator），進而使各個裝置開始運作。相當於人類血壓的油壓，空中巴士A330和波音777都是大約為210kg/cm²（3,000磅/平方英吋）；空中巴士A380和波音787則大約為350kg/cm²（5,000磅/平方英吋），壓力大幅地升高。

　　此外，不論引擎轉速如何變化，油壓幫浦都能維持一定的油壓，將迴轉運動轉變為往復運動的凸輪角度，也必須配合引擎轉速進行調整。

附件齒輪箱

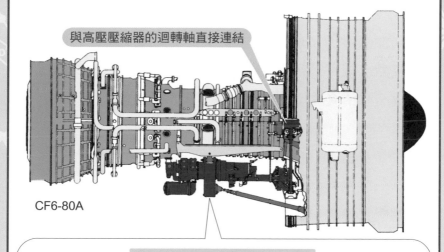

與高壓壓縮器的迴轉軸直接連結

CF6-80A

從附件齒輪箱的下方往上看⋯⋯

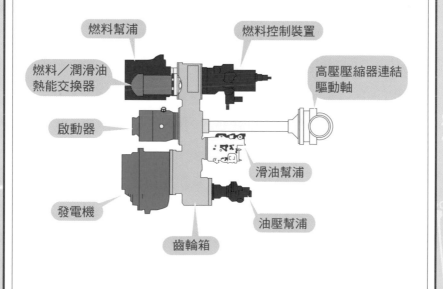

燃料幫浦

燃料控制裝置

燃料／潤滑油
熱能交換器

高壓壓縮器連結
驅動軸

啟動器

滑油幫浦

發電機

油壓幫浦

齒輪箱

4-06 發電機
從機械式到電子式

接在油壓力後面的，是**電力**。以汽車來說，包括衛星導航、電動車窗、電動座椅等等必須仰賴電力的裝置非常多。而被稱為高科技機的現代客機也是一樣，其依賴電力的程度，是從前的客機所無法比擬的。

航空界所使用的電力，統一都是電壓115V、周波數400Hz。要維持400Hz的周波數，不能依賴引擎轉速，而必須固定發電機的轉速。因此，在引擎與發電機之間，設計了一個稱為「Constant Speed Drive」（簡稱CSD）**的定速驅動裝置**，以維持每分鐘8,000轉的發電機轉速。右圖是波音747（巨無霸機），它所配置的發電機，光是一台的電力供給能力就高達60kVA，足以供應15個家庭的用電。

其後，又開發出將定速驅動裝置內建於發電機的IDG（Integrated Driven Generator），其發電機的轉速是CSD的1.5倍，每分鐘12,000轉，電力供給能力增加到90～120kVA。也就是說，在小型輕量化的同時，也提升了原本的能力。

接著，不需設置機械性定速驅動裝置的發電機──**可變速定頻電源裝置**（Variable Speed Constant Frequency，**簡稱VSCF**）問世。它是透過半導體切換技術，是一種將因引擎轉速不同而變化的周波數能夠固定的發電機，因為機械性的運作較少，因此能力又向上提高了一級，可達到250kVA。

由於VSCF與引擎間沒有多的裝置，它不但可讓波音787產生電力，更可反過來提供足夠的電力給引擎的電動啟動器。

發電機

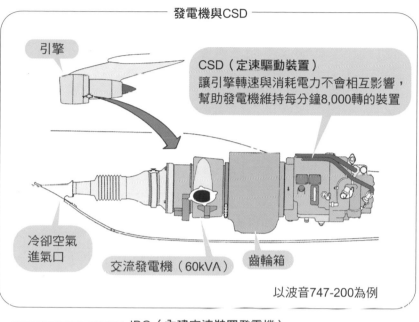

發電機與CSD

引擎

CSD（定速驅動裝置）
讓引擎轉速與消耗電力不會相互影響，
幫助發電機維持每分鐘8,000轉的裝置

冷卻空氣
進氣口

交流發電機（60kVA）

齒輪箱

以波音747-200為例

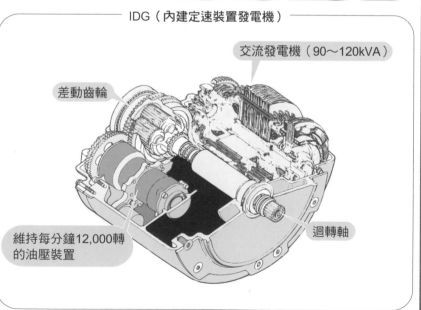

IDG（內建定速裝置發電機）

交流發電機（90～120kVA）

差動齒輪

維持每分鐘12,000轉
的油壓裝置

迴轉軸

4-07 滑油幫浦
不只是讓迴轉順暢

　　齒輪箱還能讓某項保護引擎本身的裝置轉動，那就是**滑油幫浦**。引擎內部大部分都是金屬裝置相互接觸轉動，而彼此之間很可能因相互摩擦而造成高溫，讓引擎無法正常運作。**將引擎油送到這些可動部位的，就是滑油幫浦的工作**。引擎油不僅有潤滑功能，同時還具備了冷卻、洗淨、防鏽、防腐等功能。

　　利用滑油幫浦送到引擎各處的引擎油，在潤滑後會由排油幫浦集中後送回油槽，採取的是一種自給自足的方式循環利用。當然，使用過的油，會在經過濾心時，將髒汙去除，再經由熱交換器冷卻，回復到可再利用的狀態後，才會被送回油槽。

　　順帶一提，噴射引擎不像活塞引擎那樣有面與面之間磨擦的滑動摩擦部位，而是使用**微型軸承**，因此基本上，噴射引擎是不需要暖機的。此外，因為噴射引擎的推力增大、加上渦輪入口溫度的上限愈來愈高，使得**引擎仰賴引擎油材質、潤滑、及冷卻技術的需求也愈來愈大**。

　　CF6引擎的引擎油共有25公升，其中送至引擎用來潤滑的量約有12公升。假設以引擎油的最大消耗量0.75公升/小時來計算，則12÷0.75＝16小時，從這裡我們可以得知在不供給引擎油的狀態下，飛機可連續飛行的時數有16小時。在實際的航運上，日本國內線飛機都是在每天的最後一班機才會補給引擎油，長程的國際線飛機則是在每次降落都會補充。

滑油幫浦

引擎油的功能
協助引擎迴轉部位或可動部位進行潤滑、冷卻、洗淨、防鏽、及防腐等。

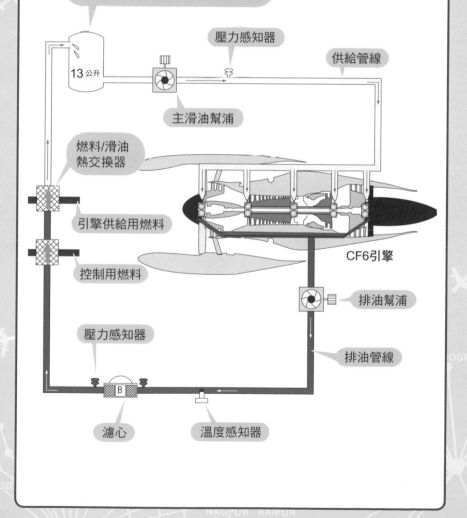

滑油槽（容量25公升）
引擎運作時則是以12公升的量循環

13公升

壓力感知器

供給管線

主滑油幫浦

燃料/滑油
熱交換器

引擎供給用燃料

控制用燃料

CF6引擎

排油幫浦

壓力感知器

排油管線

B

濾心

溫度感知器

4-08 燃料幫浦
提高壓力並送至交換熱器

　　齒輪箱也會讓某個能夠控制引擎本身的裝置轉動，那就是燃料幫浦，計算送到燃燒室所需燃料量的裝置，和以燃料力驅動壓縮器中可變定子的裝置。

　　由位於主翼燃料槽內的**加壓幫浦**（Boost Pump）送到引擎附近的燃料，到了由齒輪箱驅動的**燃料幫浦**時，會進一步加壓，將燃料向**熱交換器**推進。熱交換器是讓燃料與滑油實行熱交換的裝置，不但讓機翼內冷卻的燃料得以加溫，同時也讓準備潤滑引擎的滑油得以冷卻的一石二鳥之策。

　　順帶一提，當飛機在低溫空域長時間飛航時，易受外氣溫度影響的機翼內燃料溫度也會不斷降低。當燃料溫度低於零下40℃，燃料本身的性質會發生變異，很可能無法順利輸送到引擎。就算成功送到引擎，也有可能無法正常運作。因此，當槽內溫度小於零下40℃時，飛行員就會開始進行降低飛行高度到外氣溫度較高處，或是提高巡航速度等操作。

　　通過熱交換器及濾心的燃料，會分為兩條管線進入**燃料計量裝置**。主流是要進入燃燒室的燃料；支流則是用於驅動決定燃料流量的燃料調節閥（Metering Valve）、壓縮器的定子等伺服系統用的燃料。如同飛機機輪收放時的油壓裝置原理，利用一個小小的運作裝置，就可以運用燃料力驅動了。

　　在燃料計量裝置所決定必須燃燒的燃料朝向噴射噴嘴邁進，它身為液體的一個循環，就算告一段落。

燃料幫浦

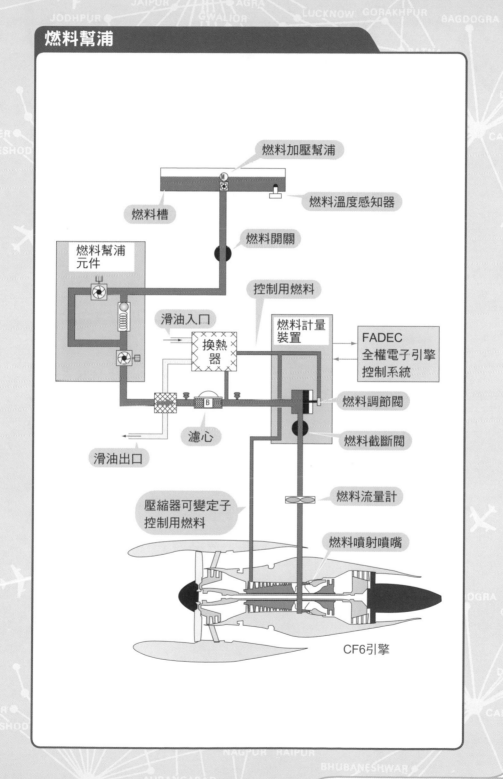

燃料加壓幫浦

燃料溫度感知器

燃料槽

燃料開關

燃料幫浦
元件

控制用燃料

滑油入口

燃料計量
裝置

FADEC
全權電子引擎
控制系統

換熱器

燃料調節閥

燃料截斷閥

濾心

滑油出口

燃料流量計

壓縮器可變定子
控制用燃料

燃料噴射噴嘴

CF6引擎

4-09 燃料槽
最重要的是從哪個開始用

　　讓我們一起確認將燃料槽設置在主翼內的原因，及燃料是如何送到引擎的。

　　支撐飛機的機翼所受到的作用力非常大，因此機翼都會被製造的十分堅固。特別是機翼與機身之間翼根的部分若強度不足，發生什麼緊急狀況時就有可能損壞。而能夠**盡可能地減緩加諸於翼根作用力的，就是機翼內的燃料重量**。也就是說，機翼內的燃料對於飛機來說，有一種維持平衡的砝碼功效。

　　當機翼內的燃料漸漸減少，翼根所承受的作用力就會漸漸增加，當燃料槽內的燃料完全用罄，其所受到的作用力會是最大。為此，每架飛機都會定出一個當燃料量為零的時候，飛機重量的限制。此時，飛機可承受的最大重量就稱為「**最大零燃料重量**」。

　　為了顧及到翼根強度，從燃料槽到引擎的供給方法也不能隨便。右圖是波音777，在左、右機翼和機身中央處擁有三個燃料槽的。首先，中央燃料槽會開始供應燃料，當中央燃料槽空了之後，才會由左、右燃料槽分別供應燃料給左、右引擎。

　　當然，我們也必須要考慮到左、右槽燃料量的差異。假設，在飛行過程中，左引擎突然停止的話，左方燃料槽內的燃料就不會再被使用，左、右燃料槽內的燃料量就會產生差異。因此，有一個稱為燃油交流轉送閥（Cross-feed Valve）的裝置，開啟這個裝置，就能夠讓左、右燃料槽相互供應，使左方燃料槽內的燃料，也得以供給右引擎的用量。

燃料槽

波音777

右燃料槽

APU
（輔助動力裝置）

右引擎

副箱（Surge Tank）

中央燃料槽

左燃料槽

左引擎

左引擎

右引擎

TOTAL
FUEL 145.5

燃料開關

加壓幫浦

KG × 1000

L MAIN

R MAIN

燃油交流轉送閥

FWD

FWD

31.3

31.3

CROSSFEED

AFT

AFT

左燃料箱

右燃料箱

中央燃料槽

82.9

CENTER

MFD（Multi Function Display）

4-10 噴射引擎的加速器
飛行員手動操作

　　相對於汽車的油門踏板，飛機控制**推力**的握桿，稱爲**動力操縱桿**。不過，在往復式引擎的時代，則多稱爲節流桿或是動力操縱桿。

　　動力操縱桿往前推時，推力會增加；往自己的方向拉回，推力則會減小。若往回拉到卡榫處，引擎的推力最小，爲怠速狀態。而當手離開操縱桿，操縱桿仍會停留在原本的位置，和汽車放開油門後，油門會自動回到怠速位置是有所不同的。

　　在動力操縱桿的前方，是在降落或中止起飛時會用到的**推力反向操縱桿**（Reverse Thrust Lever）。將反向操縱桿往回拉時，反向噴射的出力會增大。動力操縱桿前方則有燃料開關裝置。包括了Start Lever、控制燃料閥的Fuel Control Switch、控制燃料流量的Engine Master Switch、Engine Master Lever等等，名稱會依飛機不同而異，不過無論是哪一種飛機，都會**依照其引擎數量配備**。當有引擎發生問題時，就必須要把控制那一個引擎的推力停止才可以。

　　此外，波音機的動力操縱桿從怠速位置到最前方的卡榫之間都可以自由移動；空中巴士機A320之後的飛機，在起飛和上升時所使用的推力位置和可自由移動的範圍都有限制。

噴射引擎的加速器

空中巴士A380 四引擎飛機
右圖狀態
No.1 動力操縱桿：怠速
No.1 Engine Master Lever：Off

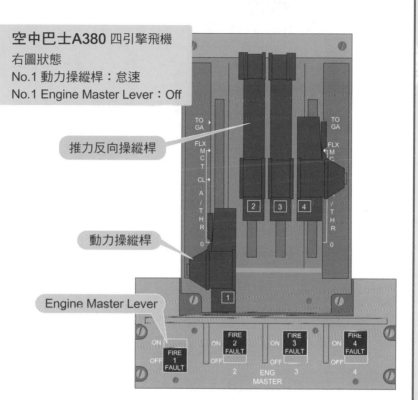

推力反向操縱桿

動力操縱桿

Engine Master Lever

波音777 雙引擎飛機
右圖狀態
左動力操縱桿：怠速
左燃料控制鍵：CUTOFF

推力反向操縱桿

動力操縱桿

燃料控制鍵

4-11 額定推力
每個階段的最大推力

上一個單元提到，空中巴士機在起飛或上升時所使用的動力操縱桿位置有其限制。其實不論是什麼飛機，**都不能夠任意地使用推力**。讓我們一起看看其中的緣由。

客機從起飛到降落，就算有引擎突然停止，其他引擎也必須足以讓飛機安全的飛行（飛行的性質與能力）。例如，在起飛時引擎發生故障，也要擁有能夠安全起飛、上升高度的性能；巡航中發生引擎故障，也要擁有能夠克服高山等障礙物的性能；中止著陸時，也應該擁有能夠重飛（Go Around）的性能。因此，客機這種航空運送事業用的飛機是不存在單引擎飛機的。

要滿足這些性能的最大推力，就是**最大起飛推力**及**最大連續推力**。最大起飛推力是起飛時所能使用的最大推力，限制時間為5分鐘（或10分鐘）。重飛推力也必須和最大起飛推力一樣大，限制也相同。最大連續推力則是出了起飛以外的引擎停止等緊急狀況時，能夠連續使用的最大推力。不論是哪一種推力，都會依照引擎能夠承受最惡劣的燃燒室壓力，或是渦輪入口溫度的狀態來訂定上限。

這種能夠確保性能及信賴性，依照引擎本身強度限制所設定的最大推力，即為**額定推力**。不僅如此，為了能延長引擎的使用壽命，在平常飛行時所使用的最大推力，會是引擎、飛機製造商或航空公司自行設定的**最大爬升推力**與**最大巡航推力**。

額定推力

下圖是空中巴士A330的例子，空中巴士機在A320以後的機型，可使用的最大推力都交由利用動力操縱桿的位置決定。

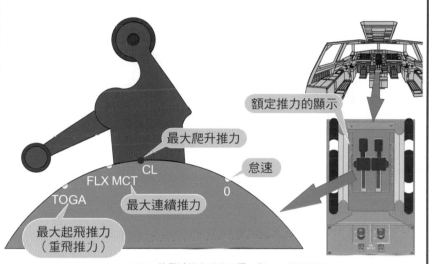

額定推力的顯示

最大爬升推力

怠速

CL

FLX MCT

TOGA

最大連續推力

0

最大起飛推力
（重飛推力）

＊FLX：使用減推力時的位置，與MCT位置相同。

額定推力：依照引擎本身強度限制所設定，可以保障性能與信賴性的最大推力。

・最大起飛推力（重飛推力、TOGA）
起飛或起飛中止後必須重新上升（重飛）時可使用的最大推力，使用限制時間為5分鐘（或10分鐘）。

・最大連續推力（MCT）
引擎故障時可緊急連續使用的最大推力。

・最大爬升推力（MCLT）
平常上升高度時所能夠使用的最大推力。也有引擎的最大爬升推力與最大連續推力是相同的。上圖的CL是空中巴士公司獨有的名稱。

・最大巡航推力（MCRT）
一般巡航時（於固定的高度、以固定的速度飛行）所能使用的最大推力。並非所有引擎都有此設定值。

＊（最大起飛推力）＞（最大連續推力）≧（最大爬升推力）＞（最大巡航推力）

4-12 動力操縱桿的移動範圍
若是由飛行員手動操作

　　設定空中巴士A330的最大起飛推力或最大連續推力等額定推力的動力操縱桿位置，都是固定的。而額定推力會受到燃燒室內的壓力與渦輪入口溫度的限制，可想而知會受到引擎進氣氣壓與氣溫的影響。因此，**即使操縱桿的位置固定，還是會因氣壓及氣溫不同，可發揮的最大推力也會有所差異**。例如，引擎的進氣氣溫較高時，渦輪入口溫度也會較高，為了不讓溫度超過上限，就必須減少燃料流量，換句話說，最大起飛推力就得降低。

　　波音777的額定推力在動力操縱桿上並無固定位置。要設定最大起飛推力時，必須根據當時的氣壓與氣溫計算後，顯示在引擎儀表板上，再以操縱桿操控調整至目標值。因為**目標值總是會受到氣壓與氣溫的影響而改變，因此每一次操縱桿的位置都會有些不同**。波音777也和空中巴士A330一樣，當氣溫上升時，最大起飛推力會下降（詳情請參考第6章）。

　　除了額定推力以外，像是為了控制飛行速度及飛機姿態，空中巴士A330在**怠速（0）與爬升推力位置（CL）**之間也能夠設定不同的推力。不過，若發生引擎故障等緊急狀況的話，也是可以使用**最大連續推力（MCT）**這種較大的推力。

　　波音777則可以從怠速位置到前方卡榫之間移動。不過，飛行員就必須在引擎儀表板上確認計算出的推力低於額定推力。

動力操縱桿的可移動範圍

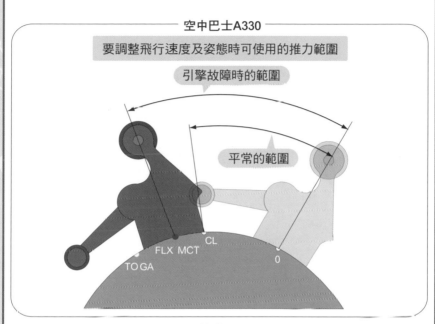

── 空中巴士A330 ──

要調整飛行速度及姿態時可使用的推力範圍

引擎故障時的範圍

平常的範圍

CL

FLX MCT

TOGA

0

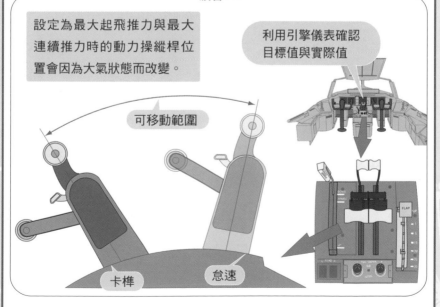

── 波音777 ──

設定為最大起飛推力與最大連續推力時的動力操縱桿位置會因為大氣狀態而改變。

利用引擎儀表確認目標值與實際值

可移動範圍

卡榫

怠速

4-13 推力反向操縱桿
必須由飛行員手動操作

　　飛機著陸後，必須在既定的跑道內確實停止才算完成著陸。因此，除了機輪減速裝置之外，在機輪與地面接觸的同時，機翼上的小板會全體立起，以增加**機輪減速**的效果。

　　在飛機降落時，我們會很清楚地聽到引擎聲大作，這大多是反向噴射裝置所發出的聲音。所謂反向噴射，並非引擎反向迴轉從入口噴射。正確來說，是由**風扇反向推力裝置（Fan Reverser）**將風扇噴射出的空氣流向轉而向前的制動裝置。因為**飛機推力的近80%都是來自於風扇，因此只要風扇流向改變，就足以得到充分的減速效果。**

　　控制風扇反向推力裝置的推力反向操縱桿，必須在動力操縱桿移至怠速位置時，才可移動。愈往回拉，反向推力會愈大。它與機輪減速裝置不同，是不需要與滑行地面接觸的制動裝置，**因此即使跑道溼滑，仍能維持應有的減速效果，這是反向推力裝置最大的優點。**

　　順道一提，飛機型錄上所記載的降落距離，是在沒有使用反向推力裝置狀態下的距離。這是因為如果在引擎異常的狀況下使用反向噴射裝置，可能會因為左右推力不平均而難以控制。從這個觀點來看，四引擎飛機的空中巴士A380就沒有在離機身26m的外側兩顆引擎上裝備反向推力裝置。而實際上，當跑道狀況不錯時，為了減輕噪音和節能減碳的考量下，也常常不使用反向推力裝置。

推力反向操縱桿

平常的空氣流向

當拉起推力反向操縱桿……

飛機推力的近80%都是來自於風扇，因此只要風扇流向改變，就足以得到充分的減速效果。

CL

FLX MCT

TO GA

0

利用一個隔斷門（Blocker door）將空氣流向轉為向前。

風扇反向推力裝置的整流罩會向後方滑動，製造出一個空氣通道。

4-14 移動動力操縱桿後……
往前推會怎麼樣？

在這個章節，讓我們一起看看若將動力操縱桿往前推，推力會發生怎麼樣的變化。一旦將動力操縱桿向前推進，相對於操縱桿角度的燃料量就會流入燃燒室，燃燒溫度及壓力會上升，吹往渦輪的氣體量及流速都會增加。接著，因為引擎迴轉速度增快，進氣口所吸入的空氣量也隨之增加。結果，引擎噴出的空氣量增加，噴射速度也變快。**一整個提高推力的循環動作，僅需透過將操縱桿向前推即可完成。**

然而，這整個過程，絕對不只是單純地將燃料流量增加就好。若一次給予過多的燃料，過濃的燃料，會使燃燒室內的**火焰熄滅（Flame out）**。此外，雖說燃燒需要充分的空氣，但若一口氣猛烈燃燒，會使燃燒室內的壓力超過壓縮器本身的壓縮能力，造成空氣流動停止或逆流等**湧振（Surging）**現象。相反的，從高出力突然降低引擎轉速、減少燃料流量，巨大的風扇與壓縮器會因為慣性而無法立刻減速。結果，過多的空氣量也可能使燃燒室內的火焰消失造成引擎熄火（Flame out）。

如果飛行員得要一心兩用，邊操心熄火或湧振的問題，邊控制操縱桿，那肯定會降低飛航的安全性。例如，在降落中斷而必須重飛的時候，必須在八秒內從怠速加速到最大推力，飛機才能夠安全上升。在這樣的情況下，飛機就需要能夠避免熄火或湧振危險的**電子引擎控制裝置**。

移動動力操縱桿後⋯⋯

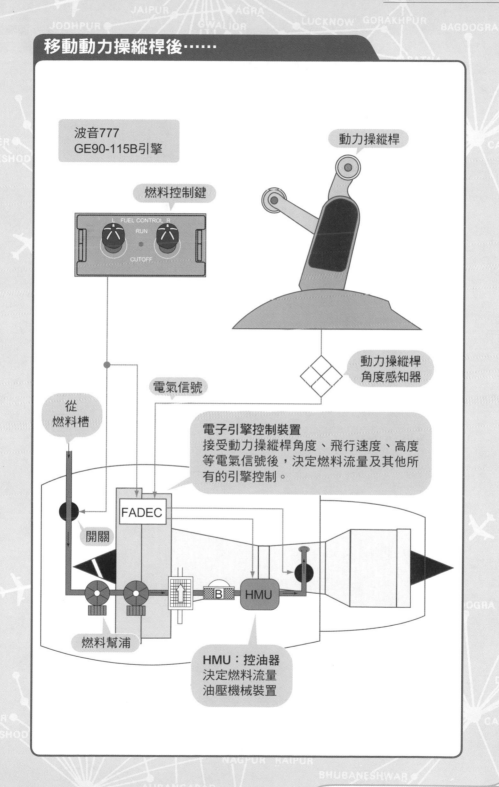

波音777
GE90-115B引擎

燃料控制鍵

L FUEL CONTROL R
RUN
CUTOFF

動力操縱桿

動力操縱桿
角度感知器

電氣信號

從
燃料槽

電子引擎控制裝置
接受動力操縱桿角度、飛行速度、高度
等電氣信號後，決定燃料流量及其他所
有的引擎控制。

FADEC

開關

B

HMU

燃料幫浦

HMU：控油器
決定燃料流量
油壓機械裝置

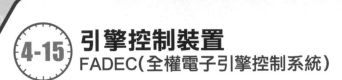

　　波音727系列的引擎控制，主要是透過凸輪、操縱桿等零件組合後的油壓機械方式，換言之就是透過類比式的處理，依據動力操縱桿的移動程度，計算出燃料流量的系統。此系統稱為**FCU（燃油控制系統）**。防止引擎熄火的抽氣閥等，則是透過壓縮器內的壓力測定結果來控制閥門開關的獨立裝置。此外，由於渦輪有材質及冷卻的考量，因此引擎額定推力僅需考量渦輪入口溫度的限制即可決定，所以，引擎會依照外氣溫度所計算出的引擎出力表來進行設定。

　　到了波音747-100系列，因為推力增加而採取高旁通比及大型化引擎，因此不只是渦輪入口溫度，燃燒室的壓力也會有所限制。外氣溫度、飛行高度、飛行速度都會使額定推力所設定的目標值有所變化。這時，引擎出力表已經不敷使用，轉而由能夠計算出目標值的裝置，及可以自動控制目標值的**自動推力控制裝置**取代。不過引擎本身的控制，只有部分裝置是由電腦控制，仍以類比式為主流。

　　接著，以空中巴士A320為代表，隨著輔助翼等移動皆由電氣信號控制的線控飛行技術突破及數位時代的來臨，FADEC（**全權電子引擎控制系統**）及EEC（**電子引擎控制系統**）等，由電腦綜合管理‧控制引擎的裝置陸續問世。FADEC除了右圖的功能以外，還能監視軸承部位與齒輪箱的溫度、計算燃油消耗量等，是個擁有強大功能的系統。

引擎控制裝置

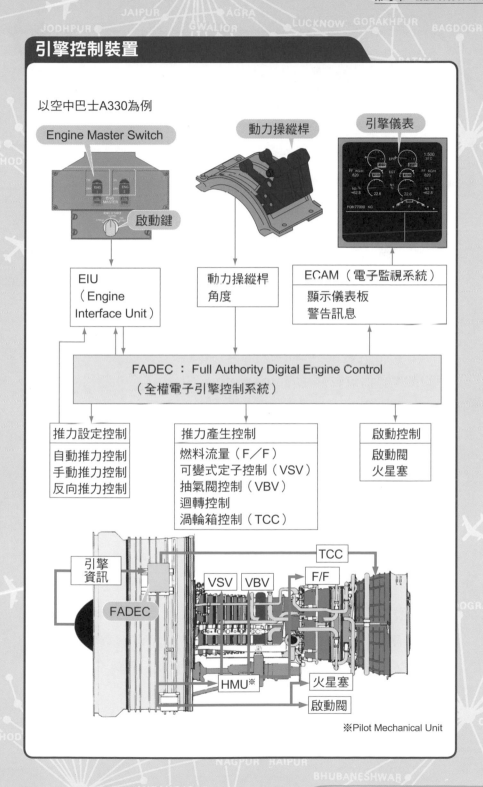

以空中巴士A330為例

Engine Master Switch

動力操縱桿

引擎儀表

啟動鍵

EIU
（Engine
Interface Unit）

動力操縱桿
角度

ECAM（電子監視系統）

顯示儀表板
警告訊息

FADEC ： Full Authority Digital Engine Control
（全權電子引擎控制系統）

推力設定控制

自動推力控制
手動推力控制
反向推力控制

推力產生控制

燃料流量（F／F）
可變式定子控制（VSV）
抽氣閥控制（VBV）
迴轉控制
渦輪箱控制（TCC）

啟動控制

啟動閥
火星塞

TCC

引擎
資訊

VSV　VBV

F／F

FADEC

HMU※

火星塞

啟動閥

※Pilot Mechanical Unit

4-16 啟動器
幫助引擎啟動

不論是哪一種引擎，都不可能立刻就讓燃料燃燒。在**引擎進入能夠自主迴轉的怠速狀態以前，皆必須要靠外力的協助**。

讓我們先看看汽車的情形。當我們轉動鑰匙，啟動馬達就會透過曲軸將活塞下壓，使燃料與空氣的混合氣體吸入汽缸內。然後，馬達將活塞向上擠壓以壓縮混合氣體。接著，火星塞噴出火花使燃料開始燃燒。這樣才算完成引擎啟動。由此流程，不難看出啟動馬達的重要性吧。

相當於汽車啟動馬達的，就是噴射引擎的啟動器。大多數的客機會稱為**氣動馬達（Pneumatic Starter）**，是利用壓縮空氣迴轉的小型馬達。要驅動啟動器，必須具備1.7～3.7氣壓的壓縮空氣。透過齒輪箱，啟動器能夠使高壓壓縮器達到每分鐘3,000轉的轉速。

波音787則是將驅動引擎的發電機變身為馬達，當作**啟動器**使用。馬達與發電機之間的關係，就如同將音波轉換為電波的麥克風，和將電波轉換為音波的喇叭之間的關係。當電流流過就是馬達，使其轉動就成為發電機。不過，如果這個裝置與引擎之間有控制週波數固定的定速驅動裝置，則無法作為啟動器使用。因此，在無配備定速驅動裝置的前題下讓發電機自由迴轉，就必須透過半導體切換技術以維持飛機所需的400Hz。

啟動器

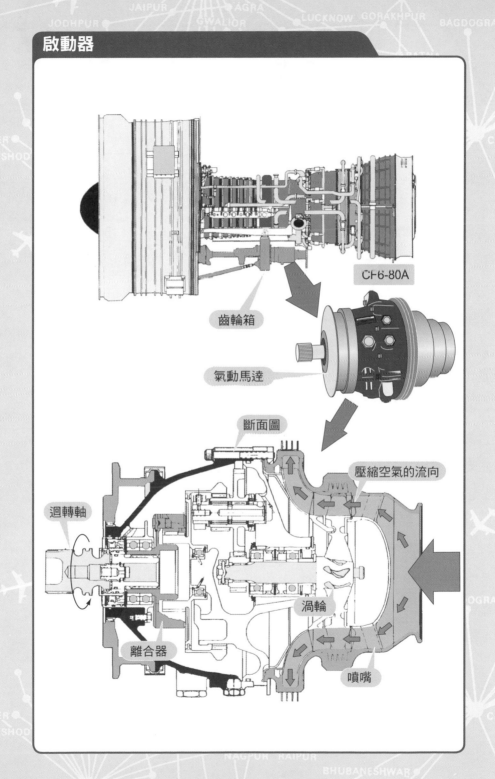

CF6-80A

齒輪箱

氣動馬達

斷面圖

壓縮空氣的流向

迴轉軸

渦輪

離合器

噴嘴

4-17 引擎啟動裝置
用兩個按鍵讓引擎啟動

　　要啟動噴射引擎，必須要有啟動器、火星塞、和控制燃料的按鍵。在此我們以波音777為例，確認噴射引擎的啟動程序。

　　首先，將START／IGNITION（啟動 ／ 點火）旋鈕轉至「START」的位置，啟動閥就會開啟，並將壓縮空氣送入啟動器，開始迴轉。透過齒輪箱，高壓壓縮器也開始迴轉，引擎進氣口自然地將空氣吸入。接著，將「Fuel Control（燃料控制鍵）」調整到「RUN（運轉）」的位置，燃料開關就會開啟。不過，這並不表示燃料就會直接送進燃燒室。開關處還有另一個稱為高壓閥的開關，在收集到足以燃燒的空氣量之前，高壓閥是不會輕易開啟的。

　　這個高壓閥會在高壓壓縮器到達每分鐘約2,000轉的轉速後開啟，將燃料噴射到火星塞所製造散布著火花的燃燒室。一般家庭用的瓦斯爐也一樣，當我們在點瓦斯時，都會先出現火花，之後瓦斯才會出來。這是因為如果燃料出來之後，火花才出現，是很可能造成火災的。即使成功點火，在引擎達到每分鐘5,000轉的轉速以前，引擎仍需要啟動器的從旁協助。超過5,000轉後，引擎就可以開始靠自己的力量加速，直到到達怠速程度的轉速，引擎啟動才算完成。

　　另外，火星塞會在引擎啟動時的那一次運作之後就會連續燃燒，不像汽車的火星塞那樣週期性地散出火花。不過，有些引擎為了防止在引擎防冰凍裝置運作或起降時可能發生的火焰熄滅（Flame out），火星塞會自行動作。

引擎啟動裝置

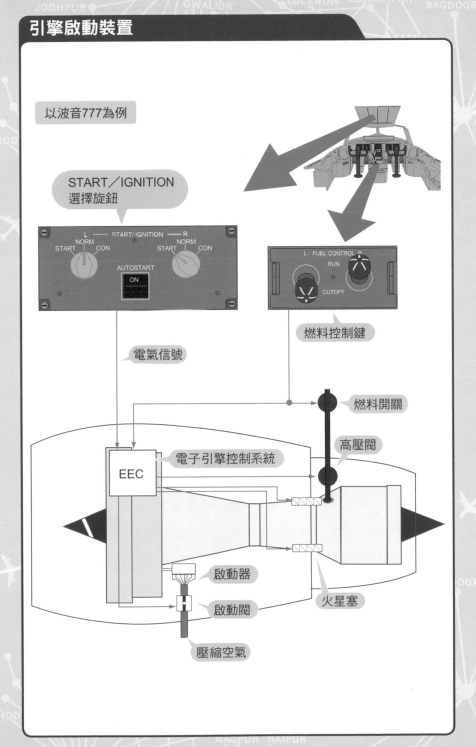

以波音777為例

START／IGNITION
選擇旋鈕

L ── START/IGNITION ── R
NORM NORM
START CON START CON
AUTOSTART
ON

L FUEL CONTROL R
RUN
CUTOFF

燃料控制鍵

電氣信號

燃料開關

高壓閥

電子引擎控制系統

EEC

啟動器

啟動閥

火星塞

壓縮空氣

防火對策
如果引擎起火？

　　引擎本體與引擎整流罩之間，有燃料、潤滑油、油壓裝置運作液等可燃性液體的配管，附近又有將引擎抽出的高溫氣體送至冷氣或防冰凍裝置的管路。萬一管路中的高溫氣體漏出，可燃性液體一旦被加熱，引擎可能就會發生火災。

　　有鑑於此，引擎都設有**防火裝置**。右圖是波音777的引擎防火裝置構造，讓我們來一起看看。

　　引擎與整流罩之間設有**引擎火災偵測裝置**。當此偵測裝置檢測到火災，警鈴運作，主警示燈亮起，火警控制手柄（Fire Handle）燈亮，燃料控制鍵點燈等等警告發出，儀表上會以紅色字體顯示「左（右）引擎火災」。警鈴音量會大到讓駕駛艙內幾乎無法進行對話，必須要確認哪一個引擎發生火災，按下主警示燈後，警鈴才會停止鳴叫。不過，這些警示燈會等到火勢被撲滅後才會熄燈。

　　即使將動力操縱桿推至怠速、或甚至將引擎停止，這些警示燈也不會熄滅。也就是說，若火災持續，則必須拉起**火警控制手柄**，關閉燃料開關與抽氣閥，截斷油壓裝置運作液的供給，發電機停止發電，並準備噴灑**滅火藥劑**。若火災仍無法撲滅，就必須轉動手柄，開始噴灑滅火藥劑。對於單一引擎火災，客機必須備有足夠噴灑兩次以上的滅火藥劑，因此，只要把手柄往反方向轉動，就可以進行第二次的噴灑。

防火對策

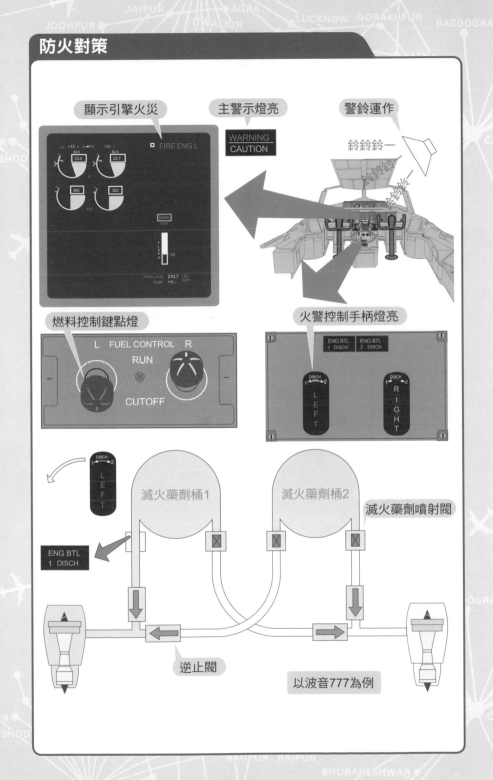

顯示引擎火災

主警示燈亮

警鈴運作

WARNING
CAUTION

鈴鈴鈴一

□ FIRE ENG L

燃料控制鍵點燈

火警控制手柄燈亮

L FUEL CONTROL R
RUN
CUTOFF

ENG BTL
1 DISCH

ENG BTL
2 DISCH

DISCH
LEFT

DISCH
RIGHT

DISCH
LEFT

滅火藥劑桶1

滅火藥劑桶2

滅火藥劑噴射閥

ENG BTL
1 DISCH

逆止閥

以波音777為例

防冰凍裝置與外氣溫度

引擎結冰通常發生在外氣溫度為0～-40℃時，特別是在0～-14℃時又特別容易結冰。既然已經知道一定會發生，就必須提前啟動**引擎防冰凍裝置**。

當飛行高度大於8,500m時，外氣溫度會降到-40℃以下，此時，水分會結成冰晶（極細小的冰塊結晶），使其無法附著在機身上。因此，當外氣溫度低於-40℃，就可以關閉引擎防冰凍裝置。不過，關閉引擎防冰凍裝置的前提，必須是飛機處於非常穩定的層雲中飛行，若飛航在雷雨交加的雲層中，最好還是開著防冰凍裝置。

若要飛往新加坡或澳大利亞那種位於赤道附近或南半球的國家，就不可避免須通過一個稱為ITCZ（**熱帶輻合帶**）的雷雨群。所謂ITCZ，是位於北緯20°到南緯20°之間的赤道無風帶區域十分發達的雷雨群，當日本處於夏季時，會發生在赤道偏北，冬季則發生在赤道偏南。

當然，一般飛航都會盡可能地避開雷雲區，但因為赤道附近的對流圈較高，有的雷雲區甚至會出現在超過15,000m的高空。像那樣宛如一道城牆般轟立著，要從它上方越過，根本是不可能的。因此，這時飛行員只能透過氣象雷達，選擇雷雲區中相對較弱的部位通過。

不過，即使是較弱的雷雲區，受到上升氣流牽引而上的過冷水，卻很有可能一口氣結冰附著於機身上。而實際操作上就曾經遇過在10,000m上空的雷雲區中飛行，外氣溫度從-50℃急速地上升到-35℃，使得機身劇烈搖晃且伴隨著雜音，駕駛艙前擋玻璃也會因為冰的關係瞬間起霧變白。

第 5 章

噴射引擎的儀表

每個飛行員都必須邊確認引擎儀表邊操控引擎。
在此章節中,讓我們一起來看看有哪些種類的引擎儀表?
當引擎異常時,這些儀表又是透過怎麼樣的方式告知飛行員的?

5-01 引擎儀表的功用
想知道引擎狀態不可或缺的管道

　　噴射客機的**引擎儀表**是怎樣的東西？有什麼樣的功能？在釐清這些問題之前，讓我們先從常見的汽車引擎轉速計、水溫計及警告燈開始看起。

　　首先是**引擎轉速計**。汽車的轉速計顯示的是將活塞的往復運動轉換為迴轉運動的機軸迴轉數。其目的，是為了讓汽車能夠有效率地行駛，先行預防過度迴轉可能造成的引擎損傷。不過，因為只要透過電子引擎控制裝置就可以讓汽車的行駛有效率，且自從有了不論油門踩得多深都不可能超過引擎轉速上限的最高轉速限制裝置（Rev limiter），因此有些汽車是沒有配備轉速計的。

　　水溫計則是用來監視水冷式引擎冷卻水的溫度。當冷卻水的溫度過低，可能造成潤滑不良；溫度太高又可能引擎過熱。而所謂適溫，指的是能讓燃油消耗最低且安定的運轉狀態。透過水溫計，是先監視冷卻水的溫度，可以幫助駕駛人在引擎過熱前先將引擎熄火，以避免行駛途中的意外。

　　除了這些儀表之外，還有一些當發生較嚴重的故障時會亮燈的警示燈。儀表顯示的是引擎是否有效運用；警示燈則是監控引擎狀態，當發生異常時，能夠提示駕駛人異常原因。在引擎能力範圍內行駛是維持引擎壽命的不二法門，即使有任何異常發生，只要先知道原因，就能夠進行適當的判斷和處置。

汽車引擎儀表

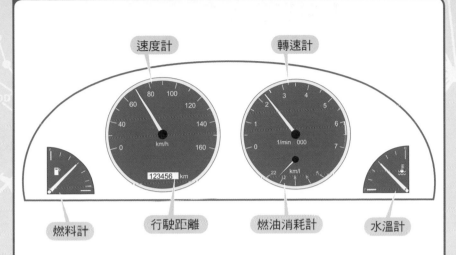

| 速度計 | | 轉速計 |
| 燃料計 | 行駛距離 | 燃油消耗計 | 水溫計 |

引擎的相關警示燈（有些汽車還能顯示訊息）		
[電池符號]	充電警示燈	電池未充電 發電機用V形皮帶破損 引擎軸異常
[油壺符號]	油壓警示燈	引擎油壓力過低
CHECK [引擎符號]	引擎警示燈	引擎電子控制系統異常

噴射引擎的儀表
所有的指針都指向同一方向

　　噴射引擎的儀表與警報裝置和汽車一樣，是為了讓引擎在有限的能力範圍內做最有效率的運用，即使發生故障，也可以立刻進行正確的判斷及處置。然而，飛機卻不如汽車，**無法在空中暫時停下來確認引擎**。飛行員必須以安全飛航為第一考量，在最短的時間內，掌握異常位置及其原因並立刻進行適當的處置。因此，**設置在駕駛座中央的引擎儀表板**，讓不論在左駕駛座的機長，或是在右駕駛座的副機長，都能輕易看得見。

　　噴射引擎最具代表性的儀表，包括了風扇轉速計、引擎排氣溫度計、燃料流量計等等。這次，讓我們來看看巨無霸客機（引擎CF6-50E2）的儀表板。

　　以其重要性排序，由高至低分別為：**風扇轉速計（N_1）、排氣溫度計（EGT）、高壓壓縮器的轉速計（N_2）、燃料流量計（FF）**，各儀表的刻度都經過設計，所有儀表指針所指的方向都會一致。因此，**若有某個引擎故障，很容易就能被發現。**此外，為了在起飛或上升時，讓飛行員能夠正確地設定目標轉速值，備有電子及機械兩種顯示方式。其實就像看時鐘一樣，傳統指針式的時鐘，只須看一眼，就能迅速地知道大概的時間；而電子式的時鐘則能夠讓我們得知確切的時間，兩者各有所長。

　　另外，巨無霸客機的引擎儀表，當指針或電子表示計一有變動，就會發出「喀噠喀噠」的聲音。若轉速計或排氣溫度計的儀表同時發出聲音，大概就能知道有引擎突然停止了。

噴射引擎的儀表

波音747（巨無霸客機）
有電子及機械兩種顯示方式。
所有的儀表指針所指的方向都一致。
很容易發覺引擎故障。

No.4引擎故障

N₁：風扇轉速計

EGT：排氣溫度計

N₂：高壓壓縮器的轉速計

FF：燃料流量計

No.4引擎滑油
壓力過低

ENG OIL
PRESS 4

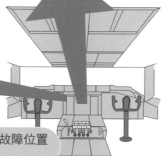

以文字標示重要裝置的故障位置
會亮燈的警示燈面板

面板
混合著文字與儀表的彩色顯示裝置

　　波音747-200系列的引擎儀表及**警報裝置**，會搭配其搭載的引擎數量，配置數個**儀表板**環繞周圍。不但如此，雖說是數字顯示，但卻是0～9的數字標示以機械式的方式「喀噠喀噠」的轉動，並非是電子式的數位處理。

　　到了空中巴士A310及波音767系列問世，不再是一個一個各自獨立的儀表板，而以**映像管螢幕整合顯示**取代。到了空中巴士A330及波音777系列，儀表板螢幕由**液晶顯示器**接手，全平面的顯示方式，不僅視覺上更為容易辨識，還不占空間又省電。

　　右圖是以波音777為例。在引擎儀表EICAS（發動機顯示和機組警告系統）的面板上，同時具備了與機械式儀表一樣的圓形顯示方式及以數字表示的電子式顯示方式。若有任何異常發生，異常內容則會以文字方式顯示，並採用紅、橘、白、綠等顏色區別事態的緊急程度。此外，也可以依照飛行員的需求，將引擎以外的儀表，在EICAS下方的MFD（**多功能面板**）上顯示。

　　空中巴士機，則有E／W（Engine／Warning）面板，功能與EICAS相同；另有SD（System Display；**系統顯示裝置**），功能則是與MFD一樣。而兩者間的差異及詳細內容，就讓我們繼續往下看。

面板

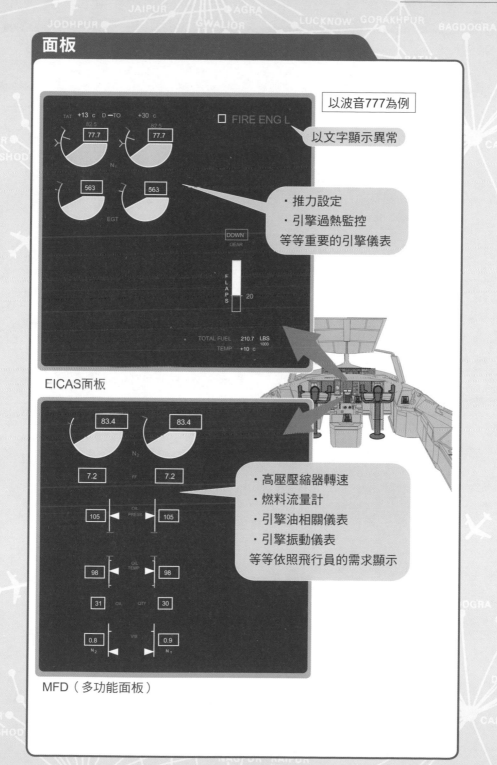

以波音777為例

以文字顯示異常

・推力設定
・引擎過熱監控
等等重要的引擎儀表

EICAS面板

・高壓壓縮器轉速
・燃料流量計
・引擎油相關儀表
・引擎振動儀表
等等依照飛行員的需求顯示

MFD（多功能面板）

5-04 N₁計
顯示風扇轉速

在航空界，習慣以N作爲表示轉速的記號。二軸引擎的風扇與低壓壓縮器轉速爲N_1，高壓壓縮器轉速爲N_2；三軸引擎的風扇爲N_1，中壓壓縮器爲N_2，高壓壓縮器則爲N_3。讓我們先從N_1看起。

N_1計的感知器是利用磁石與線圈之間的關係製成。利用將線圈於永久磁石所產生的磁通量中搖轉，以產生電流流動，這是發電機的原理。而若線圈與磁石是固定狀態，利用磁通量的變動也可以製造出電流流動。

利用這個性質，**當與風扇葉片相同數量的齒輪通過時，磁通量會受影響而變動，再擷取其產生電流的脈衝信號，計算出轉速**。這種感知器不僅構造簡單、堅固，且信賴性高，又不需任何電源，數不盡的優點，使得它不只被用在噴射引擎的轉速感知器，在許多其他領域也相當活躍。

另外，不僅是N_1計，所有噴射引擎的轉速計，並不是用每分鐘多少rpm的轉速來顯示，而是以目前的轉速爲標準轉速的多少％來表示。例如，右圖是CF6-80引擎，其標準轉速，也就是100％的N_1轉速爲3,433rpm，而N_1計顯示了76.7％，就表示目前轉速爲3,433×0.767＝2,633rpm。不過，這100％的N_1轉速並非就是轉速上限值。

這樣的顯示方法，對於飛行員而言，並不需要記住N_1最大轉速上限爲「4,016rpm」，只要記得「117％」即可。如此一來不只容易記住，對於儀表上的顯示方式也能更加一目了然。

N₁計

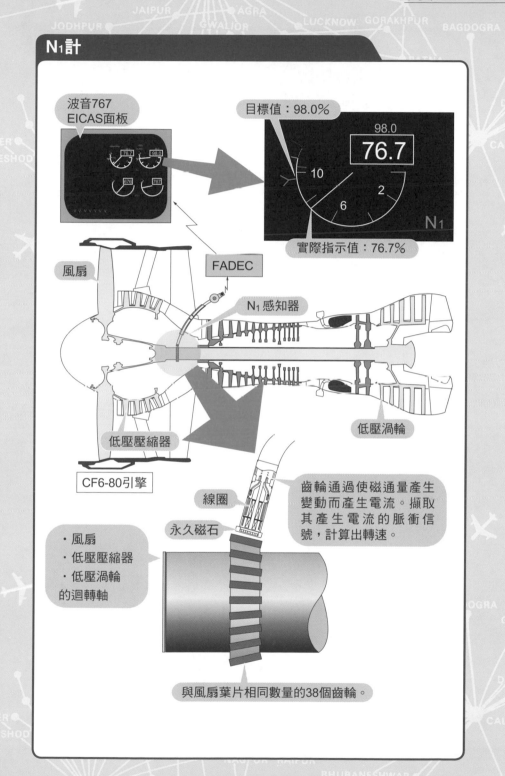

波音767
EICAS面板

目標值：98.0%

98.0

76.7

10

2

6

N₁

實際指示值：76.7%

風扇

FADEC

N₁ 感知器

低壓渦輪

低壓壓縮器

CF6-80引擎

線圈

永久磁石

齒輪通過使磁通量產生變動而產生電流。擷取其產生電流的脈衝信號，計算出轉速。

・風扇
・低壓壓縮器
・低壓渦輪
的迴轉軸

與風扇葉片相同數量的38個齒輪。

N₂、N₃計
顯示高壓壓縮器的轉速

　　這次我們改以搭載於空中巴士A330的勞斯萊斯三軸引擎特倫特700的引擎儀表為例。三軸引擎的優點，在於其迴轉軸較短，剛性較強，因此備品數較少，使得引擎本身較為輕量，酬載量※也能提高。

　　三軸引擎的轉速由慢到快分別為**風扇N₁、中壓壓縮器N₂、高壓壓縮器N₃**。擁有引擎啟動器等裝置的齒輪箱是由N₃驅動，因此N₃計的感知器也存在於齒輪箱內。這個感知器，是一種引擎驅動的發電機，產生與轉速相當的交流電壓。周波數會以信號的形式送至N₃迴轉計，電力則供應給FADEC（全權電子引擎控制系統）。也就是說，**引擎可以供應自身的必要電力，是個自給自足的裝置**。當然，引擎啟動前，仍必須靠其他發電機所提供的電力才得以運作。從引擎開始迴轉到N₃到達8％（約850rpm），N₃感知器就能夠開始供應電力。

　　早期風扇引擎JT8D的100％標準轉速分別為，N₁：8,600rpm、N₂：12,250rpm則為高速。之後的引擎，風扇愈大，N₁愈慢，N₂（或N₃）則無太大差異。例如，特倫特700的N₁：3,900rpm、N₂：7,000rpm、N₃：10,611rpm；CF6-80則為N₁：3,432.5rpm、N₂：9,827rpm。當風扇直徑來到3.25m的GE90-115B，N₁減至2,355rpm，而N₂則為9,332rpm，與其他引擎並無異。

※可搭載的旅客數及貨物重量

N₂、N₃計

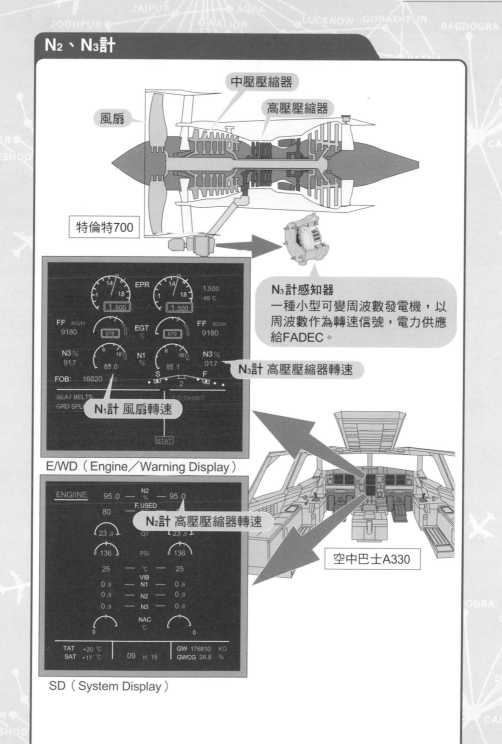

中壓壓縮器

高壓壓縮器

風扇

特倫特700

N₃計感知器
一種小型可變周波數發電機,以
周波數作為轉速信號,電力供應
給FADEC。

N₃計 高壓壓縮器轉速

N₁計 風扇轉速

E/WD(Engine/Warning Display)

N₂計 高壓壓縮器轉速

空中巴士A330

SD(System Display)

5-06 EGT計(引擎排氣溫度計)
左右引擎壽命的重要儀表

　　引擎的壽命，會受到在燃燒室第一次承受高溫氣體，並在高溫中高速迴轉的**第一段高壓渦輪的狀態所決定**。因此，從起飛到降落，這個流入第一段渦輪的氣體溫度及TIT（渦輪入口溫度）是否能在上限值內運用，就顯得格外重要。

　　為了引擎，我們就必須測量TIT。然而，非常遺憾，並沒有任何溫度計可以承受1,600℃以上的高溫。因此，我們只能藉由測量高壓渦輪與低壓渦輪之間的溫度，來推算TIT。這個推算出來的溫度，稱為TGT（**渦輪氣體溫度**）。因為早期的引擎是採用引擎排氣口的溫度，也就是EGT（**引擎排氣溫度**），到了現在，也因為習慣的緣故而較少稱作TGT，直接以EGT取代。

　　EGT的感知器為稱為**熱電偶**（Thermocouple）的相異金屬迴路，利用兩接點的溫度差來產生電流。它擁有不需外部供電、應答速度快、價格低、小型輕量、信賴性高等優點，是個性能相當卓越的感知器。組成熱電偶的成對金屬為Alumel（阿盧梅爾鎳合金）／Chromel（鋁鎳合金），可測量到1,100℃左右。此外，為能夠正確地偵測迴轉氣體的溫度，設有數個測定點（4～8處），EGT為所有測定點的平均值，最後會顯示在儀表上。

　　順帶一提，可測量到850℃的鐵／康銅，被作為活塞引擎的汽缸頭感知器。還有銠（Rd）／白金可測到1,400℃的高溫，卻因為成本太高而未被噴射引擎採用。

EGT計(引擎排氣溫度計)

所謂內熱電（塞貝克效應Seebeck effect），是透過稱為熱電偶的相異金屬迴路兩接點溫度差所產生的電動勢※。

金屬A

高溫部   低溫部

電流

金屬B

※電動勢：生成電流的力

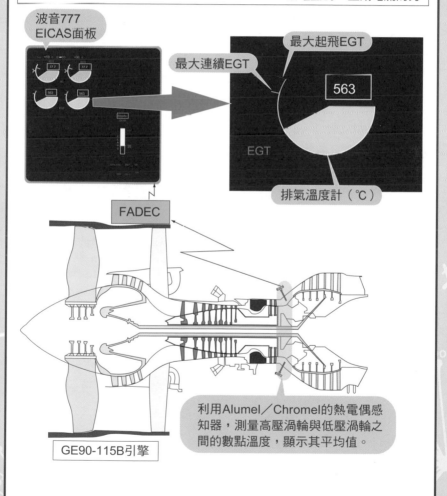

波音777
EICAS面板

最大起飛EGT

最大連續EGT

563

EGT

排氣溫度計（℃）

FADEC

GE90-115B引擎

利用Alumel／Chromel的熱電偶感知器，測量高壓渦輪與低壓渦輪之間的數點溫度，顯示其平均值。

能夠知道力量大小的儀表
不知道自身的力量就無法工作

（5-07）

　　除了能知道噴射引擎運轉情形的儀表，**能夠了解推力大小的儀表**也十分重要。這是因為可起飛的最大重量、起飛的速度、起飛的距離等等，都取決於起飛推力大小；而巡航高度，又會受爬升推力及巡航推力的大小影響。即使是一樣的飛機，其搭載的引擎推力不同，最大起飛重量或可上升的最大高度也會有很大的差異。

　　在實際飛航中，飛行員必須正確地設定起飛推力及爬升推力。非常遺憾的，並沒有任何儀表能夠在飛機飛航時直接測定引擎推力。因此，**在地面時就事先測量推力，找出與其變化比例成正比的儀表板，來推測實際推力大小**。

　　其中最具代表性的儀器，就是EPR（引擎壓力比）計。另外，因為風扇所製造的推力占了整體推力的80%，因此有的飛機會透過**風扇轉速**來設定推力。P&W和勞斯萊斯的引擎所採用的是EPR，而奇異引擎則多以N_1計（風扇轉速）協助設定。

　　我們之前在第四章曾經說明，包括引擎起飛推力及爬升推力的種種額定推力，會受到外氣溫度及外氣壓力的影響而改變。換句話說，用來設定額定推力的EPR計或風扇轉速計的設定值，也會因為溫度與氣壓狀態而改變。實務上，飛行員到底該如何操作，就讓我們留到第六章再行說明。

不知道自身的力量就無法工作

推力大 → 起飛距離短

起飛推力大小差異會改變起飛所需的距離。

推力大 → 最大上升高度高

爬升推力大小差異會改變能夠上升的高度範圍。

GE90-B5引擎
最大起飛推力：34.6噸
最大起飛重量：243.5噸

GE90-B4引擎
最大起飛推力：38.4噸
最大起飛重量：287.5噸

一樣是波音777-200的飛機，搭載的引擎不同，
最大起飛重量也會有所差異。

5-08 EPR計
設定推力的儀表

　　推力的大小，**取決於空氣量的多寡及噴出速度的快慢**。因此，愈是將吸入的空氣努力壓縮，引擎推力就會愈大。而推測引擎大小的方法之一，就是**確認渦輪迴轉後的壓力**。引擎出口的壓力能量愈高，愈能加速噴出氣體。

　　換句話說，只要知道渦輪出口的壓力是進入引擎前的幾倍，就可以推測出推力大小。可以顯示這個渦輪出口及壓縮器入口壓力比的儀表，同時也是能夠顯示設定起飛推力等額定推力所需的目標值，就是EPR（引擎壓力比）計。因為是壓力比，所以並無單位。

　　早期的噴射引擎JT8D，其起飛推力目標值──EPR值，為2.0。風扇愈大的引擎，EPR值會愈小。例如，特倫特700的起飛EPR值為1.50。而顯示壓縮器壓縮比例，也就是引擎入口與壓縮器出口比例的壓縮比，JT8D為19，CF6-80為31，特倫特700為35，到了GE90-115B則為42，為什麼推力愈來愈大，EPR值卻反而愈來愈小呢？

　　原因在於，與其將壓力能量全部轉換為速度能量以增加推力，還不如**將大部分的能量用來使風扇轉動，使之噴出大量空氣以提高推力**，這樣的方式會較有效率。當壓力能量大多用於轉動風扇，渦輪出口的壓力就會變小，結果，EPR值也就跟著變小了。

EPR（引擎壓力比）計

$$EPR = \frac{P_{t7}（渦輪出口壓力）}{P_{t2}（壓縮器入口壓力）}$$

波音727的EPR計

空中巴士A330的E／W面板

動力操縱桿位置

起飛推力目標值

EPR

14

1

18

1.500

48℃

1.500

EPR指示值

FADEC

$$EPR = \frac{P_{t7}}{P_{t2}}$$

P_{t2} 感知器

P_{t7} 感知器

特倫特700引擎

燃料流量計
單位是每一小時的重量

飛機的**燃料流量計**所顯示的，是每一小時所消費燃料「重量」的**質量流量計**。因為飛機與汽車不同，**飛機的燃料著重的不是量，而在於多重。**

例如，波音747從日本到紐約12小時的飛航，所需燃料重量約為120噸。因此，就算起飛時重量為370噸，降落時的重量也只剩250噸。如右方圖例，燃料流量計顯示5,500磅/小時（2,495kg/小時），這樣我們就可以知道四個引擎加總的合計燃料消耗量為10噸/小時。

從前在實際飛航時，必須透過燃料流量計來計算出飛機預定重量，再除以能夠往更省油的巡航高度階段性上升巡航的時數。而現在，飛機可以透過FMS（**飛航管理系統**）進行全自動的管理，燃料流量計就變為引擎啟動或巡航時應定期確認的輔助性儀表。

燃料流量計的感知器置於進入燃燒室的入口處，與N_1計一樣是利用磁石與線圈關係的裝置。受幫浦擠壓所送達的燃料，藉由渦電流生成裝置，將裝有兩個磁石的轉子轉動。跟著轉動的燃料在轉動渦輪的同時，還必須承受止動彈簧的阻力。當然，燃料流勢愈強，換句話說就是燃料愈重，愈可以戰勝止動彈簧的阻力，因此，線圈一和線圈二所發出脈衝信號的時間差就會變大。從這個時間差，就可以計算出單位時間內的燃料重量。

燃料流量計

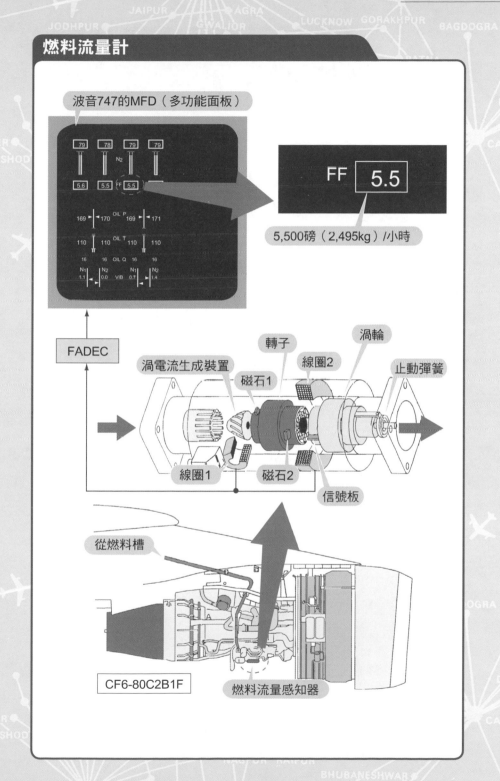

波音747的MFD（多功能面板）

FF 5.5

5,500磅（2,495kg）/小時

FADEC

渦電流生成裝置
轉子
渦輪
磁石1
線圈2
止動彈簧
線圈1
磁石2
信號板

從燃料槽

CF6-80C2B1F

燃料流量感知器

5-10 滑油相關儀表
顯示引擎故障徵兆的儀表

　　能夠協助飛行員了解引擎滑油狀態的儀表，包括滑油壓力計、滑油溫度計、和滑油流量計。讓我們來確認它們的功能。

　　滑油壓力計的功能，在於監視送至軸承及齒輪箱的滑油壓力。當滑油壓力過低時，顯示值的字體顏色會從白色變爲紅色，面板上也會出現紅色的警告訊息。有些飛機，甚至還會發出警示音。之所以如此謹慎，是由於油壓幫浦故障、油槽或齒輪箱漏油等狀況，都可能造成引擎重大的異常事件。

　　順帶一提，若在安哥拉治或莫斯科等寒冷地區啓動引擎，滑油壓力可能會有暫時升高的現象。因當外面氣溫度太低，會使油的黏度變高，讓引擎稍作暖機後，滑油壓力應該能恢復正常值。

　　滑油溫度計也是重要的儀表。如右方圖例，滑油溫度計所監視的，是回到油槽時的溫度，當溫度高於上限，顯示值就會變爲紅色，且同時會出現紅色的訊息。滑油溫度過高的原因，可能來自於軸承培林（Bearing）的損傷、高溫氣體洩露、油冷卻裝置故障等異常。若引擎出力降低後，滑油溫度計依舊維持高溫，可能就必須停止引擎。

　　滑油流量計是顯示油槽內容量的儀表。這在4-07也提過，因爲油量多寡會影響到飛行時間，因此出發前的油量確認是非常重要的點檢項目。且又因引擎出力狀況及飛機姿勢不同，也會使飛行中的油量產生相當大的變化，因此，即使顯示值偏低，只要其他儀表沒有異常，也就不需與引擎故障畫上等號。

滑油相關儀表

波音747的MFD（多功能面板）

| 79 | 78 | 79 | 21 |

N_2

| 5.6 | 5.5 | FF 5.5 | 0.0 |

若超過上限值，
顯示值就會變為紅色

OIL P
169 ▶ ◀ 170　169 ▶　10

油溫

OIL T
110 ▶ ◀ 110　110 ▶ 187

油壓

油量

16　　16　OIL Q　16　　2

| N_1 | N_2 | | N_1 | N_2 |
| 1.1 | 0.8 | VIB | 0.7 | 0.0 |

警示訊息

ENG 4 OIL TEMP

ENG 4 OIL FIL

ENG 4 OIL PRESS

CF6-80C2

5-11 TAT計
什麼是TAT(全溫)？

　　噴射引擎的推力，會因為引擎進氣溫度的影響而改變。不過，飛機並非直接將與**外氣溫度**（航空界簡稱為OAT）相同溫度的空氣吸入。這是因為當飛行速度愈快，與飛機碰撞的空氣壓力及空氣溫度都會上升，也就是會發生所謂的**衝壓效應**（Ram Effect）。

　　假設在10,000m的上空以0.80馬赫的速度飛行，即使外氣溫度為-50℃，因為**衝壓效應的作用導致溫度上升**，實際引擎的進氣氣溫會變為-21℃。

　　這個因為衝壓效應所導致上升後的溫度，就是TAT（全溫）。（TAT）＝（OAT）＋（上升溫度）。如右圖所示，在10,000m的上空以0.80馬赫的速度飛行，因為衝壓效應產生的溫升為29℃，因此TAT＝-50＋29＝-21℃。相對於TAT的溫度，是SAT（靜溫度），也就是未與飛機碰撞、外部靜止的空氣溫度。基本上，OAT＝SAT。

　　TAT計在飛機起飛、上升高度等時候，可以計算出推力設定值；也能夠在引擎啟動防冰凍裝置時，作為一個基準儀表。因此，它會顯示在與引擎儀表相同的面板上。TAT感知器位於不大會受到飛機姿勢影響的地方，以波音777來說，就裝置於操縱席最後方窗戶下方的位置。感知器放置於一個筒中，為了在雲中飛行時不致結冰，因此平常都會利用電熱保持溫度。而為了不讓電熱影響到TAT計測量出來的溫度，它會利用引擎及APU（輔助動力裝置）的**放流空氣**（Bleed air）讓空氣注入筒內。

TAT計

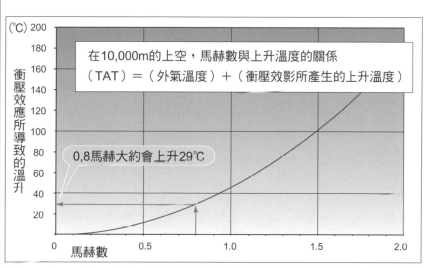

（℃） 200

衝壓效應所導致的溫升

在10,000m的上空，馬赫數與上升溫度的關係
（TAT）＝（外氣溫度）＋（衝壓效影所產生的上升溫度）

0,8馬赫大約會上升29℃

0　馬赫數　0.5　1.0　1.5　2.0

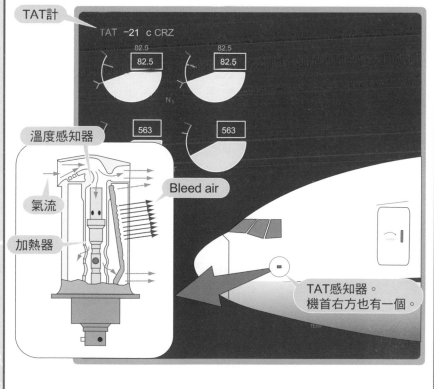

TAT計

TAT　−21　c CRZ

82.5

82.5

N₁

563

563

溫度感知器

氣流

加熱器

Bleed air

TAT感知器。
機首右方也有一個。

5-12 ADIRS
大氣資料與陀螺儀的合體

TAT感知器所偵測到的溫度，會由ADIRS（**大氣資料及慣性參考系統**）進行處理，將數位訊號傳送到電子引擎控制系統。在此，就讓我們來看看ADIRS的功用。

無論是將吸入的空氣噴射以換取推力的噴射引擎，或透過空氣反作用力形成的升力而得以飛行的飛機，無時無刻都會受到空氣狀態的影響。因此，飛行高度的外氣溫度、外氣壓力、加上隨著飛行速度變化的氣溫、氣壓、機身周圍或機翼附近的氣流狀態等實況都必須一一掌握。這些與飛機密不可分的空氣資訊，就稱為**大氣資料**。

TAT也是大氣資料之一。在波音727的年代，TAT計只不過是一個單純的溫度計。透過TAT計所顯示的溫度和引擎出力表計算出推力設定值，以手動方式操作動力操縱桿來進行設定。因為當時的額定推力僅受TIT（渦輪入口溫度）限制，因此TAT值就已足夠設定推力。

到了空中巴士A320以後，可以由電腦從大氣資料計算出推力設定值，且自動操控推力的自動推力控制系統（Auto Thrust System）及自動操縱系統（Auto Pilot）連動所組成的**自動飛航系統**成為主流。其中最重要的裝置，就是能夠將透過陀螺儀及加速度感知器，計算出飛機的姿勢、方位、位置、地速等飛航資訊的慣性參考系統（IRS）與大氣資料同時整合的ADIRS了。

ADIRS

ADIRS（大氣資料及慣性參考系統）是⋯⋯
・從大氣資料計算出溫度、氣壓、速度、高度等參數
・透過陀螺儀及加速度感知器計算出姿勢、方位、位置、及速度等參數
再將這些資訊參數傳送至電子引擎控制裝置及儀表的裝置。

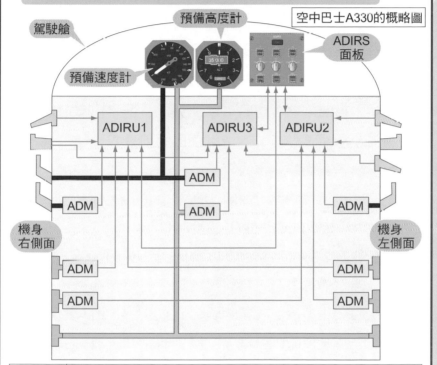

駕駛艙

預備高度計

空中巴士A330的概略圖

預備速度計

ADIRS
面板

ADIRU1　　　ADIRU3　　　ADIRU2

ADM

機身
右側面

ADM　　　　ADM　　　　　　　ADM

機身
左側面

ADM　　　　　　　　　　ADM

ADM　　　　　　　　　　ADM

ADIRU	大氣資料慣性參考單元（Air Data Inertial Reference Unit）：透過空氣力量、陀螺儀、加速度計等計算出溫度、速度、高度等參數。
ADM	大氣資料模組：偵測空氣力量並數位處理的裝置。
▬▬	皮托管線：皮托壓（流動空氣壓力）用的空氣配管。
▭▭	靜壓孔管線：靜壓（外氣壓力）用的空氣配管。
◢	AOA感知器：偵測機翼與氣流角度的感知器。
◣	TAT感知器：偵測全溫的感知器。
◿	皮托管：能夠偵測受到流動空氣壓力的感知器。

FE(飛航工程師) Panel
FE Panel與ECAM、EICAS

航空法上認為「在飛機構造上,僅靠操縱者無法完全掌握引擎及飛機本身狀態」,因此除了飛行員之外,還必須有一位**飛航工程師**隨機,「除了操縱飛機之外,其他關於引擎及飛機本身的處置」都必須由飛航工程師負責。

飛航工程師所需負責的引擎部分,包括了出發前到飛航結束的燃料及滑油量點檢、透過引擎出力表計算出起飛、上升、巡航、重飛等各個額定推力、手動設定推力並監控出力狀況、飛航中的引擎運轉狀況、故障、異常事項等,都必須一一記錄在稱為機艙日誌(Engine log)的飛航日誌中。

在空中巴士A300(B2 / B4)和波音747(100 / 200 / 300)以前的飛機,都有引擎、燃料、空調、電氣、油壓等操作或監視各系統的按鈕、儀表及警示燈。也就是說,所有的系統皆由手動操作,且必須隨時監控。當發生異常狀況或緊急狀況,飛航工程師必須確認操作手冊及點檢清冊中的操作方式,逐一分配負責駕駛的飛行員PF(通常為機長)、負責駕駛以外業務的飛行員PNF(通常為副機長)和FE(飛航工程師)三者所應負責的操作項目。

後來,因為IT(資訊技術)發達,改由以面板顯示的空中巴士A310及波音767系列之後的機型,空中巴士機有ECAM,波音機有EICAS,分別能夠**取代飛航工程師操作及監控的工作**,兩位飛行員,已經足以「掌握引擎及飛機本身狀態」。

FE（飛航工程師）Panel

從引擎啟動到降落、引擎停止的所有按鈕，都有固定的操作順序。
警示燈的警報等級如下：

・綠燈：正常狀態下的點燈
・藍燈：閥門開關或幫浦運作等正常操作下的點燈
・橘燈：超過上限值或故障發生時的點燈
・紅燈：火災等緊急操作時的點燈

電氣系統

空調與壓力控制系統

火災檢知系統

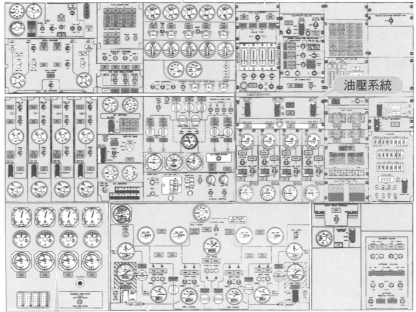

油壓系統

滑油相關儀表

燃料供給系統

波音747-200B的FE Panel

5-14 ECAM
電子集中管理式飛機監測系統（Electronic Centralized Aircraft Monitor）

　　讓我們一起看看從空中巴士A310機型以後所採用的ECAM（電子集中管理式飛機監測系統）。ECAM能夠：

　　・集中監視機體系統

　　・面板顯示系統動作狀態

　　・顯示正常、異常、緊急狀況發生時的操作順序

　　在異常管理、作業分工、無紙化、系統限制管理上，都協助飛行員大量減輕了工作負荷。此外，飛行員所需的所有資訊，透過ECAM的按鍵即可取得。

　　ECAM的警示燈分爲三階段。**階段三**屬於緊急狀態，會顯示紅色訊息並連續發出警報音，飛行員必須立刻進行操作；**階段二**表示有異常狀態發生，顯示橘色訊息並發出一次警報音，飛行員應先確認故障狀況後再行操作；**階段一**僅會有橘色訊息顯示，沒有警報音，飛行員確認狀態後繼續監控觀察即可。

　　具體而言，從起飛到降落所有飛航階段所需的資訊都會自動顯示在面板上。當有異常發生，例如滑油溫度過高時，警示燈亮的同時，會響起一聲警報音。E／WD上會自動顯示適當的操作順序，SD（系統顯示裝置）上則會自動顯示滑油相關儀表。只要跟著指示順序操作，已完成操作項目就會接連消失，可以預防操作上的疏失。當滑油溫度降到上限值以下，燈號就會由橘色變回綠色。

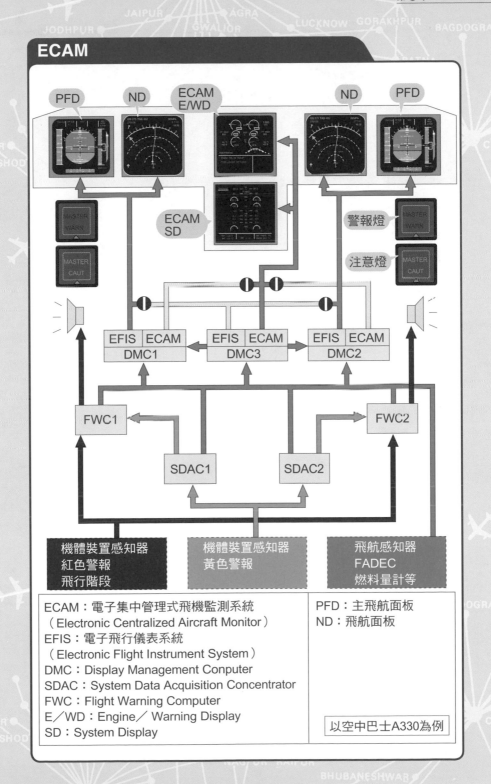

ECAM

PFD　　ND　　ECAM E/WD　　ND　　PFD

ECAM SD

警報燈

注意燈

MASTER WARN

MASTER CAUT

MASTER WARN

MASTER CAUT

EFIS	ECAM		EFIS	ECAM		EFIS	ECAM
DMC1			DMC3			DMC2	

FWC1　　　　　　　　　　　FWC2

SDAC1　　　SDAC2

機體裝置感知器
紅色警報
飛行階段

機體裝置感知器
黃色警報

飛航感知器
FADEC
燃料量計等

ECAM：電子集中管理式飛機監測系統
（Electronic Centralized Aircraft Monitor）
EFIS：電子飛行儀表系統
（Electronic Flight Instrument System）
DMC：Display Management Conputer
SDAC：System Data Acquisition Concentrator
FWC：Flight Warning Computer
E／WD：Engine／ Warning Display
SD：System Display

PFD：主飛航面板
ND：飛航面板

以空中巴士A330為例

　　EICAS（Engine Indicating and Crew Alerting System；引擎參數及組員警示系統）是從波音767開始採用，是一個不只能在面板上顯示引擎儀表，機體出現異常時也能夠以彩色顯示**警報訊息的裝置**。它與空中巴士機的ECAM最大的不同，就在於當異常發生時，異常處理的操作順序及相關系統概略圖與儀表**不會自動顯示**。

　　這是由於最初的設計想法，覺得操控飛機的最終權限及安全飛行的最終責任仍屬於飛行員。所有自動化的科技應該站在輔助的角色，而不應該取代飛行員的職責。

　　不過，同樣在無紙化的考量下，波音777採用了**電子點檢表（ECL）**。然而，電子點檢表與ECAM仍有不同，並不會自動顯示操作順序，而必須由飛行員的意志決定後，再從選擇面板上選擇點檢表，與警報訊息連結的操作順序才會顯示在MFD（Multi Function Display）上。等實際操作完成後，完成的項目訊息會由白色變為綠色，也是能夠預防飛行員看錯指示或操作錯誤。

　　例如，Bleed Overheat（放流空氣溫度過熱）與Engine Overheat（引擎過熱）這兩個訊息，前者的操作只需將按鍵關閉，後者的操作卻必須力抗引擎可能停止的危險。有了EICAS裝置顯示電子點檢表的預防措施，即使出現像這樣類似的**警示訊息**，飛行員也能夠執行最適切的操作。

EICAS

EICAS引擎頁面

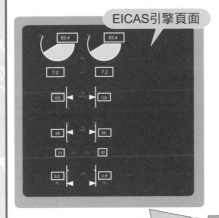

EICAS燃料頁面

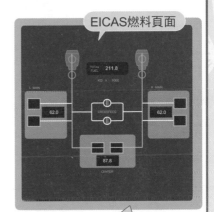

選擇該系統名稱的按鍵，
相關概略圖及儀表就會顯示
在MFD上。

選擇CHKL（Check List）鍵，
即可顯示操作順序。

L INBD		LWR CTR		R INBD
	ENG		STAT	
ELEC	HYD	FUEL	AIR	
DOOR	GEAR	FCTL		
CHKL	COMM	NAV	CANC/RCL

螢幕選擇面板

NORMAL MENU	RESETS	NON-NORMAL MENU

► FIRE ENG L ◄

Fire detected in left engine.

✓ LEFT AUTOTHROTTLE ARM SWITCH . . . . OFF
✓ LEFT THRUST LEVER . . . . CLOSE
✓ LEFT FUEL CONTROL SWITCH . . . . CUTOFF
✓ LEFT ENGINE FIRE SWICH . . . . PULL
✓ IF FIRE ENG L message remains displayed

LEFT ENGINE FIRE SWICH . . . . ROTATE
Rotae to the stop and hold for 1second.

CONTINUED

| NORAML | ITEM OVRD | NOTES | CHKL OVRD | CHKL RESET | NON-NORAML |

EICAS操作順序頁面

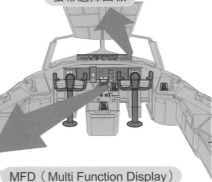

MFD（Multi Function Display）

飛行員之間的相互確認

客機的設計，讓飛機不論何時發生引擎故障，都可以安全飛行。雖説如此，引擎故障也不應該頻繁發生。**飛航時的引擎停止**（IFSD：In-Flight Shut Down）頻率為十萬個小時一次，也就是最多十年發生一次。也就是説，幾乎所有的飛行員可能都不曾實際遭遇過引擎停止的經驗。取而代之的是數不盡的引擎停止模擬練習。

而實務上，當引擎發生故障時，**如果連正常的引擎都停止，那就不可收拾了**。因此，兩位飛行員必須在相互確認中進行操作。假設現在波音777的左引擎發生故障了，依照點檢表的操作順序如下。

・機長與副機長兩人應發出聲音互相確認故障的確實是左引擎。

・機長將左引擎的自動推力系統關閉，將動力操縱桿緩緩地移到怠速位置。

・副機長出聲喊出「左引擎燃料控制按鍵」，將手放到左引擎燃料控制按鍵上。

・機長出聲喊出「左引擎燃料控制按鍵確認」，確定為發生故障的左引擎按鍵。

・確認後，機長指示副機長將左引擎燃料控制鍵關閉。

・副機長接到指示後，關閉該按鍵。

第6章

噴射引擎從起飛到降落

在了解噴射引擎的原理及構造之後，
就讓我們來看看從起飛到降落，噴射引擎實際的運用及操作，
包括起飛推力的設定方法以及當所有引擎都停止時的應變等，
一切正常操作與緊急操作，都將在此章節呈現。

6-01 飛行從啟動APU開始
APU最重要的功能是？

　　所有的飛行，都從啟動APU（輔助動力裝置）開始。APU是裝置在飛機最後方的一個小型氣動引擎，能夠提供飛行照明、電子儀器等電力，並供給機內空調、引擎啟動器等必要的壓縮空氣，作為飛機的**輔助動力系統**。

　　與機上APU具有相同功能的地上動力裝置，是GPU（Ground Power Unit）。稍早期，在GPU尚未完備的國內航線機場，APU曾經非常活躍於航空界。而當所有機場的GPU都已配備齊全後，APU就漸漸黯淡了。這主要是因為愈來愈提倡節能減碳及考慮到排放氣體對環境可能造成的影響，在飛機多採取降落後APU就不再運作而直接前往閘口的航運方式。當飛機停到規定的停機位置後，右側的引擎仍會繼續運作以提供機內照明，直到GPU的電力開始供應才會停止。

　　雖然APU的必要性已經大不如前，但對於雙引擎飛機必須以ETOPS（雙引擎飛機延程操作標準）的航運方式進行長距離飛航，APU仍是不可或缺的裝置。當引擎發生故障時，驅動引擎的發電機與油壓幫浦會同時無法使用，利用壓縮空氣產生的空調也會受到限制。雙引擎飛機的引擎故障不只會讓推力減半，**也有將近一半的系統會受到影響。這個時候，APU的存在就相對重要**。APU不僅僅是飛機在地面上的輔助系統，同時也是在飛航過程中發生緊急事態時的最佳後援裝置。

飛行從啟動APU開始

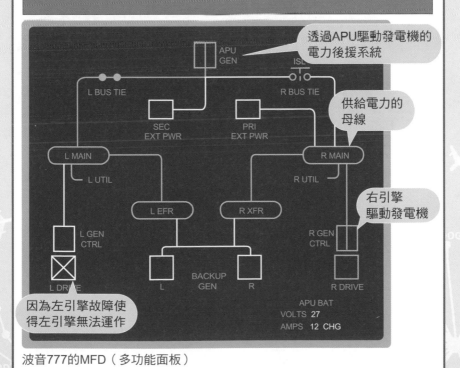

ETOPS

從前，DC-3等往復式引擎的雙發機，其航線選擇，必須要是在當引擎發生故障時，能夠於60分鐘內緊急降落的航線。

1980年代，空中巴士A300及波音767等噴射引擎的雙發機，其緊急降落的時間從60分鐘擴大為120分鐘，稱為ETOPS 120的航運方式，讓飛機得以橫跨大西洋。

1990年代，空中巴士A330及波音777再進一步將時間拉長為180分鐘，ETOPS 180的航運方式，讓飛機足以一口氣橫跨太平洋。

ETOPS 180的航運要件之一，就是必須具備三個獨立的電力供給系統。

透過APU驅動發電機的電力後援系統

APU
GEN

ISL

L BUS TIE

R BUS TIE

供給電力的母線

SEC
EXT PWR

PRI
EXT PWR

L MAIN

R MAIN

L UTIL

R UTIL

L EFR

R XFR

右引擎驅動發電機

L GEN
CTRL

R GEN
CTRL

L DRIVE

L

BACKUP
GEN

R

R DRIVE

因為左引擎故障使得左引擎無法運作

APU BAT
VOLTS 27
AMPS 12 CHG

波音777的MFD（多功能面板）

既然已經知道了APU的重要性，接下來就一起啓動空中巴士A330的APU吧。

不論是什麼飛機的APU，爲了能在沒有外部電力供給的狀態下啓動，必須配備能夠只靠電池就能夠運作的燃料幫浦與電動啓動器。因此，爲了讓電力可以送至這些裝置，就得按下**APU電池開關**。

啓動的準備看似都已完成，其實還有一個在啓動前非常重要的操作──測試**APU火災警報裝置**。當APU發生火災時，APU會自動停止且自動噴灑滅火藥劑，因此在啓動前，必須要確認其功能是否正常。不只是火災，當感測到任何轉速或滑油的異常，APU也會自動停止。

火災警報裝置測試完成後，就可以按下**APU Master Switch**了。一按下APU Master Switch，SD（System Display）上就會自動顯示APU頁面，能讓空氣進入的襟翼就會開啓。接著按下**APU Start Switch**，APU開始運轉。漸漸加速的聲音，在駕駛艙都能聽見。

持續加速道轉速的95%以上，SD上的APU頁面消失，此時，便開始能夠供給電力及壓縮空氣。不過，必須得再經過一段暖機時間，需要大量壓縮空氣的空調系統才能開始運作。

啟動APU（空中巴士A330）

Master Switch：On
・SD上自動顯示APU頁面
・APU啟動條件備齊

Start Switch：On
・APU啟動
・啟動完成後，SD上的APU頁面
　自動消失

APU
MASTER SW
FAULT
ON/R
START
AVAIL
ON

APU

FIRE

PUSH

TEST

AGENT

SQUIB
DISCH

APU啟動前須測試火災警報裝置

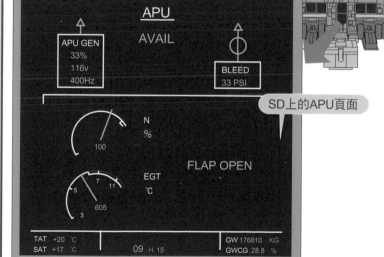

APU

AVAIL

APU GEN
33%
116v
400Hz

BLEED
33 PSI

N
%
100

FLAP OPEN

7 11
5
3   605

EGT
℃

TAT +20 ℃
SAT +17 ℃

09 H 15

GW 176810 KG
GWCG 28.8 %

SD上的APU頁面

6-03 啟動APU（波音777）
兩種啟動器

　　介紹完空中巴士A330之後，我們也來試著啓動波音777的APU吧。首先，從螢幕選擇面板選擇可顯示APU轉速及EGT（排氣溫度計）的頁面。因爲波音機不像空中巴士機一樣會自動顯示，**因此需要由飛行員選取操作。**

　　將位於電器控制面板上的APU Select Switch轉至ON後，再轉到START，APU就會開始運轉，旋鈕會立刻彈回ON的位置。波音777的APU最大特徵在於**同時配備了電動啟動器與氣動啟動器**。會採用這種設計的原因，是由於考量到在低氣溫的環境下長時間飛行可能造成電池效能降低、電動啓動器停止運作等危險。當無法利用電池啓動時，還可以透過抽入的壓縮空氣讓氣動啓動器運作。

　　當APU轉速來到95%，開始能夠供給電力及壓縮空氣。若在GPU（Ground Power Unit）能夠供給電力的地方，系統會自動切換。若在飛航中發生電力供給異常，**APU會自動啟動**，由APU驅動發電機供給電力。

　　順帶一提，以前進行機內廣播時的電源切換時，可能會發生瞬間的跳電。因爲擔心這種狀況會使電腦無法正常運作，現在的飛機都採用NBPT這種不斷電系統來進行切換。

啟動APU（波音777）

電子控制面板的APU Select Switch
・ON：啟動前準備工作完成
・START：開始啟動。
啟動後彈回ON的位置。

在螢幕選擇面板
按下STAT鍵

從螢幕選擇面板中
選擇STATUS頁面後，
MFD就會顯示
APU相關資訊。

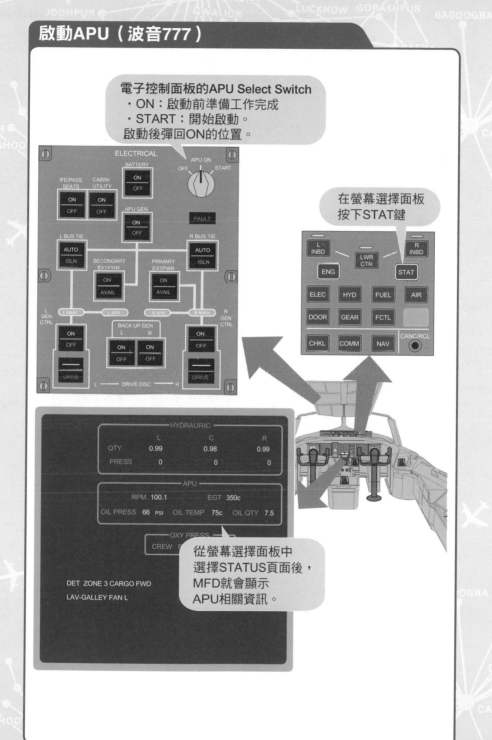

6-04 確認燃料量
應搭載多少的量？

出發前，機長必須確認滑油量及其品質，以及是否有依照飛行計畫（Flight Plan）搭載足夠的燃料。滑油量，可在5-03與5-05的引擎頁面圖中進行確認。燃料量則會在EW／D或EICAS這類的主要引擎儀表上顯示，各油槽所搭載的量也會在SD或MFD上顯示。

飛機應搭載的燃油量是經過相當縝密的計算後決定的。即使目的地一樣，飛行當天的飛行重量、飛行高度、上空的風勢及溫度等等條件的不同，所搭載的燃料量就會有很大差異。而且，**飛機不能只搭載到達目的地所需消耗的油量。必須考量到**補正消耗燃料量的燃料、到替代機場的燃料消耗量、在空中待機所需的預備燃料等等。例如，從日本往紐約的波音777-300ER班機的燃料搭載量為：消耗燃料104噸、應急燃油（Contingency Fuel）5.2噸、替代機場燃料2.9噸、儲備燃油（Reserve Fuel）3.2噸、地面滑行燃料0.7噸，合計應為116噸。

飛行員的概算也很重要。 以波音777-300ER為例，雖然從起飛、上升、巡航、到降落所必需消耗的燃料重量會因為起飛重量不同而改變，不過大約每一小時會消耗8噸左右。從日本到紐約約需12.5小時，那麼所需燃料大約為8×12.5＝100噸左右。這樣的概算對於要確認搭載燃料量，多少能有些幫助。再假設巡航中的油耗量為一小時約7噸，若還有50噸的燃料，就能立刻概算出約可再飛七小時左右。

空中巴士A330 ECAM燃料頁面

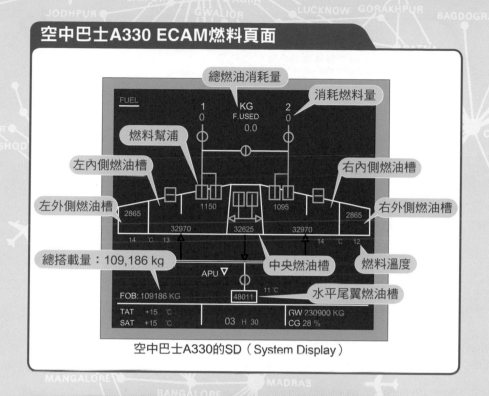

空中巴士A330的SD（System Display）

波音777 EICAS燃料頁面

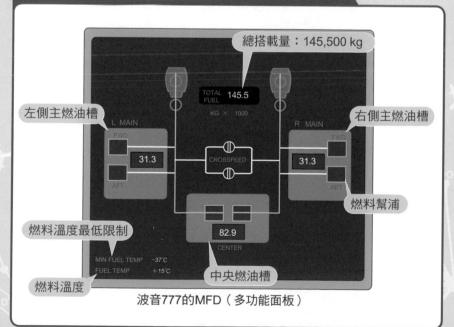

波音777的MFD（多功能面板）

6-05 引擎啟動的準備
引擎氣浪所造成的影響？

　　當所有的登機門與貨物室門全都關閉，終於可以啟動引擎。但是，還是不能任意地啟動引擎，雖然並非在空中，就算是在地面上，為了能讓飛機安全起航，所有飛機仍應聽從**空中交通管制台**（ATC：Air Traffic Control）的指示及許可。

　　實際飛航時，例如在羽田機場，執行地面滑行專用管制的「TOYKYO GROUNG」會下達啟動引擎的許可。一旦獲得許可，旋轉的紅色**防撞燈**會開始動作。正如其名，防撞燈是要預防空中碰撞或兩機距離過於接近的燈號。在地面上，防撞燈也可以作為飛機周邊人員或車輛的警示燈。**雖然尚未有任何推力，但因為噴射引擎所造成的氣浪仍可能帶來危險。**因此，飛行員也會與地面上的機務人員以對講機確認周邊安全後才啟動引擎。

　　接著，將燃料槽內燃料幫浦的所有開關ON，開始供給燃料到引擎。其供給方法，波音機與空中巴士機也有不同。

　　空中巴士A330的中央油槽幫浦並不會直接供給燃料給引擎，而會把燃料移至左右主翼內側的油槽。真正供給到引擎的燃料，是來自於主翼內側的油槽。波音777則因為中央油槽內的幫浦輸出壓比其他幫浦大，因此即使所有幫浦都在動作，燃料仍會由中央油槽供應。當中央油槽的燃料用完，幫浦就會自動停止。

引擎啟動的準備

— 波音777的怠速推力氣浪（引擎噴射風）—

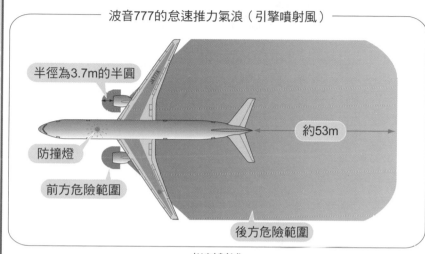

半徑為3.7m的半圓

約53m

防撞燈

前方危險範圍

後方危險範圍

— 燃料幫浦 —

空中巴士A330-200的燃料面板

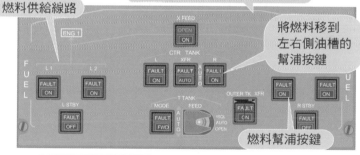

燃料供給線路

將燃料移到左右側油槽的幫浦按鍵

燃料幫浦按鍵

波音777的燃料面板

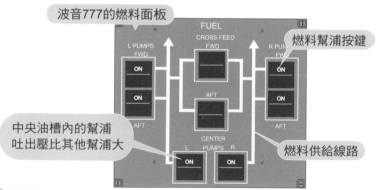

燃料幫浦按鍵

中央油槽內的幫浦吐出壓比其他幫浦大

燃料供給線路

6-06 引擎啟動
雖然可以自動啟動，仍少不了嚴格監控

現在就讓我們一起啓動空中巴士所搭載的特倫特引擎吧。為了能確保No.1引擎所驅動的油壓幫浦能夠讓機輪減速壓正常運作，啓動引擎的順序，也必須從No.1引擎開始。

一般的正常操作，會採用**自動啟動功能**。所謂自動啓動，指的是自動控制啓動閥、點火裝置、與燃料開關，若有任何異常發生，也會自動停止，並能夠**空轉30秒**，讓引擎內部剩餘的燃料排出。讓我們看看下述的自動啓動操作流程及確認事項。

1. 引擎啟動按鍵轉至START位置
2. 確認SD自動顯示引擎啟動頁面
3. 確認EW／D，N_3計的XX記號燈滅
4. 確認Engine Master Switch轉至ON的位置
5. 確認啟動閥打開，N_3開始迴轉
6. 當N_3轉至25〜30％，確認SD開始顯示點火裝置
7. 確認燃料流量計的指示值
8. 由EGT開始顯示以確認點火
9. 確認油壓開始上升
10. 監視EGT的最高溫度
11. 當N_3轉至50％，啟動閥關閉，確認點火裝置燈熄
12. 確認EPR計上顯示「AVAIL（有效）」

這樣的流程，約需一分鐘。雖說是自動啓動，但更重要的，是在整個作業流程中，飛行員都必須目不轉睛地監視並確認每項程序。

空中巴士A330的引擎啟動

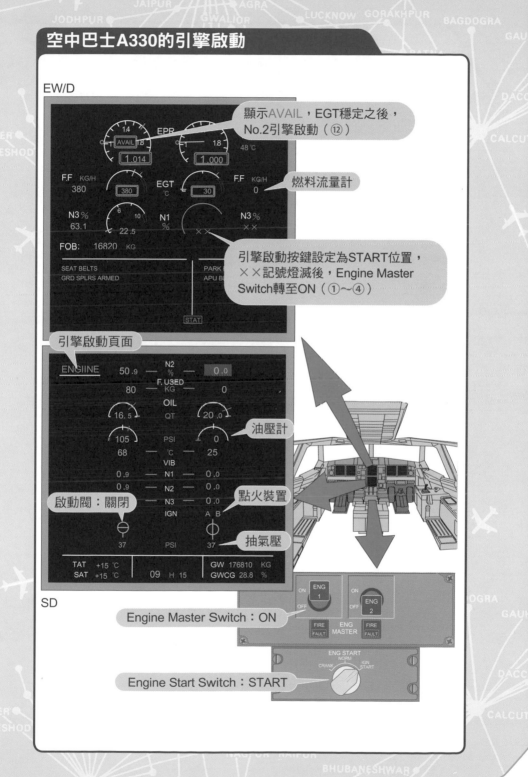

EW/D

顯示AVAIL，EGT穩定之後，No.2引擎啟動（⑫）

燃料流量計

引擎啟動按鍵設定為START位置，××記號燈滅後，Engine Master Switch轉至ON（①～④）

引擎啟動頁面

油壓計

點火裝置

啟動閥：關閉

抽氣壓

SD

Engine Master Switch：ON

Engine Start Switch：START

這個單元，讓我們看看什麼樣的狀況下必須中止引擎啟動，並用一個具代表性的例子來做確認。

首先，如果流入燃燒室的燃料過多或流入燃燒室的時機不適當，EGT（排氣溫度）就會急速上升，造成**熱啟動（Hot Start）**的現象，很可能引起異常燃燒。熱啟動指的是高壓壓縮器的轉速未達每分鐘2,000轉，流入引擎的空氣量太少，使得燃燒室的冷卻空氣量不足的現象。因此，啟動引擎時會將EGT設定得較低。例如，特倫特引擎設定為700℃，GE90-115B則是設定為超過750℃即研判為熱啟動。

與異常燃燒相反，燃料流量計顯示一段時間後EGT仍未顯示，也就是引擎未點火的狀態，稱為**溼啟動（Wet Start）**。其狀況就如其名，雖然引擎排氣口噴出霧狀燃料，但點火裝置不良，而造成異常。

此外，啟動器過早停止或啟動器力量不足，可能就會造成**延滯啟動（Hung start）**，雖然已開始燃燒，卻遲遲無法加速到怠速狀態，也可能會造成EGT急速上升。

當發生以上狀況時，自動啟動功能會停止流入燃料、關閉啟動閥、停止點火裝置，讓引擎停止，然後再讓引擎空轉以利剩餘的燃料排出。不過，空中巴士機與波音機都沒有自動監視滑油狀態的功能，因此飛行員必須多費心監視油壓上升狀況及滑油溫度。

引擎啟動中止

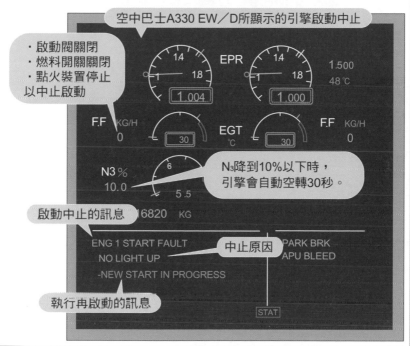

空中巴士A330 EW／D所顯示的引擎啟動中止

・啟動閥關閉
・燃料開關關閉
・點火裝置停止
以中止啟動

EPR
14　　　14
1　18　　1　18
1.500
48℃
1.004　1.000

F.F KG/H　　　EGT　　F.F KG/H
0　　　30　℃　30　　0

N3％　　6
10.0　　5.5

N₃降到10%以下時，引擎會自動空轉30秒。

啟動中止的訊息

6820　KG

ENG 1 START FAULT
NO LIGHT UP
-NEW START IN PROGRESS

中止原因

PARK BRK
APU BLEED

執行再啟動的訊息

STAT

自動啟動時發生啟動中止的監視項目		
名稱	狀態	原因
熱啟動	EGT超過限制值	・啟動器力道不足 ・燃料的流量過大 ・強勁的順風
溼啟動	從燃料流入後的一定時間內未完成點火	・點火器不良
延滯啟動	已開始燃燒，轉速卻未提高	・啟動器力道不足 ・燃料的流量過小
引擎熄火	壓縮器葉片根部失速	・流入引擎的空氣紊亂 ・燃料流量錯誤
風扇未轉動	高壓壓縮器已開始迴轉，風扇卻未轉動	・風扇迴轉軸卡住

波音777除了上述監視項目之外，也同時針對啟動器機軸破損、壓縮空氣不足、啟動器運作時間過長等項目進行監視。

6-08 啟動引擎防冰凍裝置
與冰之間的戰爭

完成引擎啟動後，接著必須立刻進行某一項操作：也就是針對外氣溫度低於10℃時看得見的雪、雨、霧等水分，或是當滑行道與跑道上有結冰、雪、水等狀況時，必須要開啟的**引擎防冰凍裝置**。

水分應是在0℃以下才會結冰，為何當氣溫低於10℃就必須啟動防冰凍裝置？其原因就在於我們在4-03曾經提過，流入引擎的空氣會膨脹，使得進氣口附近的溫度急遽下降的緣故。特別是當飛機於地面上滑行時，因速度較慢，進氣口附近溫度下降的狀況會更明顯，即使外氣溫度僅有10℃也有結凍的疑慮。

如果是在結冰形成後才將防冰動裝置開啟，則剝落的冰塊碎屑會被吸入引擎而可能造成引擎損傷，因此，**這個裝置並非用於除冰，而是一種預防結冰發生的裝置**。一旦結冰形成，引擎很可能在兩分鐘內就無法正常運作（參考4-03）。此外，若EPR（引擎壓力比）的引擎入口壓力感知器——Pt_2探針結冰的話，會使EPR的測量值比正常狀態測量出的數值更大，**可能會使飛機無法設定正確的起飛推力，其危險程度不容小覷**。

當跑道周邊有雪或冰時，與前方等待起飛飛機之間的距離就必須比平常大。這是因為前方飛機的引擎氣浪會將地面上的雪花捲起而可能造成後機的障礙。而若是在嚴重降雪的狀態下待機，則必須要定期將引擎出力提高到怠速以上，才能達到防冰凍的效果。

啟動引擎防冰凍裝置(空中巴士A330)

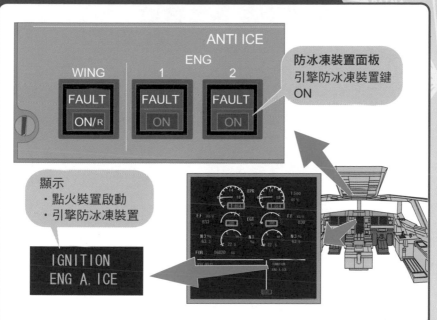

ANTI ICE

ENG

WING　1　2

FAULT　FAULT　FAULT

ON/R　ON　ON

防冰凍裝置面板
引擎防冰凍裝置鍵
ON

顯示
・點火裝置啟動
・引擎防冰凍裝置

IGNITION
ENG A. ICE

啟動引擎防冰凍裝置(波音777)

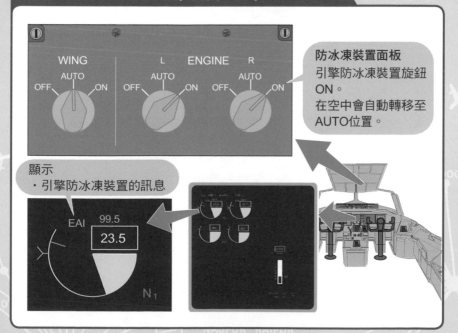

WING　　ENGINE

　　L　　　　　R

AUTO　　AUTO　　AUTO

OFF　ON　OFF　ON　OFF　ON

防冰凍裝置面板
引擎防冰凍裝置旋鈕
ON。
在空中會自動轉移至
AUTO位置。

顯示
・引擎防冰凍裝置的訊息

EAI　99.5

23.5

N_1

6-09 起飛推力與外氣溫度
EPR與TIT

　　終於要起飛了。我們就用5-08曾提到用來了解推力大小的參數——EPR（引擎壓力比）為例，說明起飛推力是如何設定。

　　起飛推力是引擎的最大出力。吹向第一段渦輪葉片的氣體溫度TIT（渦輪入口溫度）也是最高溫。一般而言，TIT溫度設定值愈高，推力會愈大。但同時，也會使引擎的壽命變短，甚至讓渦輪葉片變形或燒毀而造成引擎故障。因此，在設定起飛推力時，必須嚴加管控TIT。

　　TIT會受引擎進氣溫度，也就是起飛時的OAT（外氣溫度）所影響。為了抑制隨著OAT變高而上升的TIT，就必須減少送往燃燒室的燃料流量，也就是說，可以利用降低EPR來維持一定的TIT。像這樣受到TIT限制的額定推力，就稱為Full Rating。

　　反之，當OAT過低時，EPR就必須提高。但當EPR值太高，燃燒室內的壓力過高可能引起強度上的問題。不但如此，若推力大於需求，反而會使起飛性能變差。考量到這些疑慮，在某個溫度以下，EPR就必須要維持一定的數值。這個因為燃燒室內壓力等問題而受限的額定推力，就稱為Flat Rating。所謂Flat，就如右圖所示，因為EPR值固定平整而命名。

起飛推力與外氣溫度

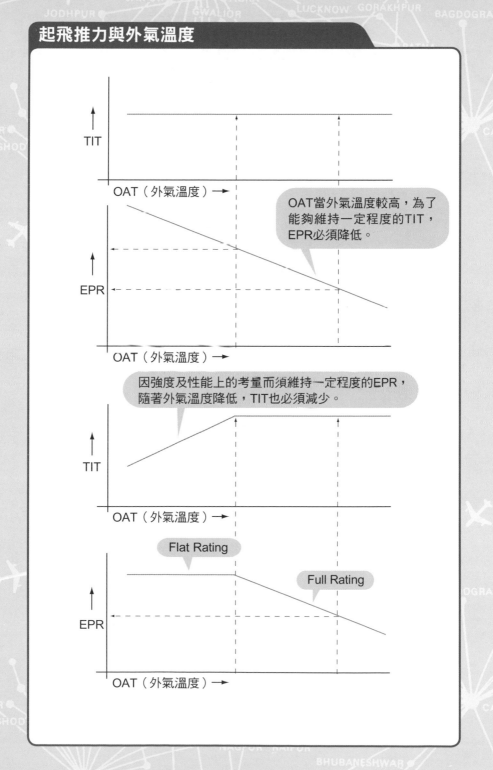

接下來，是EPR（引擎壓力比）與氣壓的關係。

當引擎進氣氣壓過低，燃燒室內部壓力也會變低，EPR則可變大。假設某一個引擎在1大氣壓力為1013hPa時，OAT低於15℃則必須Flat Rating。當氣壓低於1000hPa，因為EPR會大於當氣壓為1013hPa時的值，氣壓的變化與EPR的關係如右上圖。在這個圖例中，當氣壓下降時，進入Flat Rating的溫度就會降低，從15℃降低到10℃。

當推力設定進入Flat Rating區域範圍內，引擎能夠在TIT（渦輪入口溫度）較低的狀態下進行運用，則引擎壽命即可延長，也就是說，可以達到較**經濟的航運**。此外，因為在這個區域範圍內的推力固定，要**計算起飛所須距離也會比較容易**。不過，因為低於15℃的OAT在實際運用上有些問題，所以包括GE90-115B在內的大部分引擎在內，會採用如右圖所示，用降低1大氣壓力的Flat Rating區域範圍的方式，換句話說，就是稍微犧牲推力，而將轉換為Full Rating區域範圍的OAT由15℃提高到30℃來克服。

一般而言，引擎性能的界定，是以國際民航組織（ICAO）所制定的**國際標準大氣（ISA）**與15℃時為標準。當OAT為30℃時，表示它比標準值高出15℃，航空界中，即以ISA＋15℃來表示。右圖的例子，就可以說這顆引擎大於ISA＋15℃即進入Full Rating。

起飛推力與氣壓

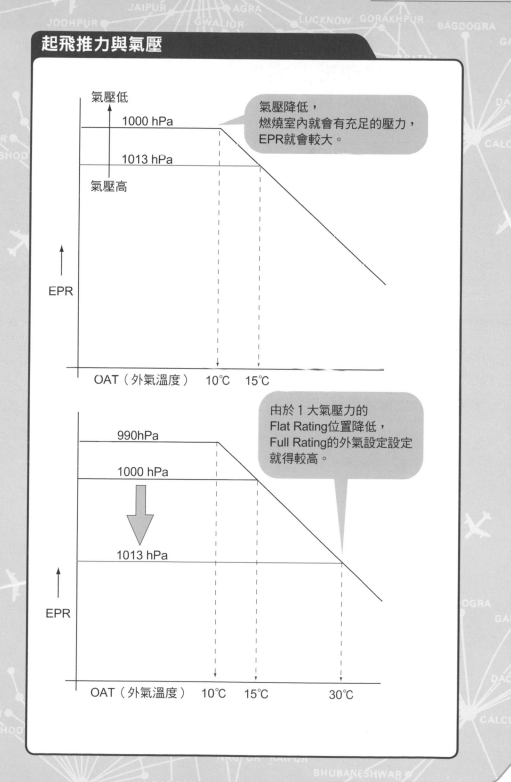

6-11 起飛推力的設定
由OAT與氣壓來決定推力大小

　　我們已經知道依據OAT（外氣溫度）與氣壓可以計算出起飛EPR（引擎壓力比），接著就讓我們確認推力大小與轉速將產生怎麼樣的變化。

　　首先是**轉速**。在Flat Rating區域範圍內，轉速會隨著OAT升高而增快。這是由於**引擎的進氣溫度愈高，空氣密度愈小**，為了維持固定的EPR，燃料流量就必須增加以提高轉速。轉速的提高又帶動TIT上升，當TIT上升到了上限值後，接著就得維持固定的TIT（渦輪入口溫度），隨著OAT上升，燃料流量必須減少以降低轉速。其中的關係就如右圖。

　　其次讓我們看看**推力的大小變化**。在Flat Rating區域範圍內，當氣壓維持一定，圖中的推力也會維持平坦（Flat）的狀態，也就是說，此時的推力是固定的。引擎規格表上所記載「推力53,000kg，ISA＋15℃」，其含意就是在1大氣壓，外氣溫度低於30℃的條件下，推力為53,000kg。若壓力降到1大氣壓以下，即使外氣溫度相同，因為進氣密度變小，EPR增大，推力就會變小。也就是說，**當氣壓低、氣溫高，推力就會變小**。

　　可起降的機場氣壓都有其限制，會以氣壓換算成的高度，稱為氣壓高度來表示。例如，空中巴士A330的氣壓限制為-609m（1,088hPa）到3,810m（632hPa）；波音777則為-609m（1,088hPa）到2,560m（741hPa）。

起飛推力的設定

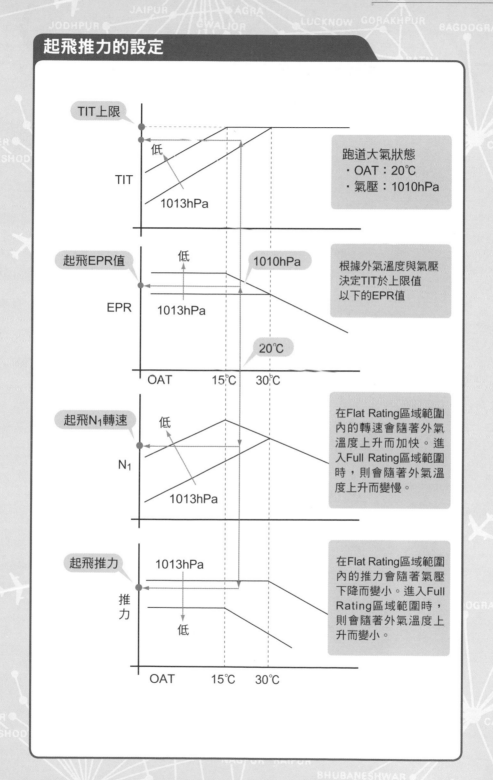

TIT上限

低

TIT

1013hPa

跑道大氣狀態
・OAT：20℃
・氣壓：1010hPa

起飛EPR值

低

1010hPa

EPR

1013hPa

根據外氣溫度與氣壓
決定TIT於上限值
以下的EPR值

20℃

OAT　　　15℃　30℃

起飛N₁轉速

低

N₁

1013hPa

在Flat Rating區域範圍
內的轉速會隨著外氣
溫度上升而加快。進
入Full Rating區域範圍
時，則會隨著外氣溫
度上升而變慢。

起飛推力

1013hPa

推力

低

在Flat Rating區域範圍
內的推力會隨著氣壓
下降而變小。進入Full
Rating區域範圍時，
則會隨著外氣溫度上
升而變小。

OAT　　　15℃　30℃

6-12 設定起飛推力(空中巴士A330)
A330的自動推力控制

　　A330的起飛推力設定操作程序是如何呢？如右圖，A330
從怠速到最大起飛推力，各個推力在動力操縱桿上的位置都
是固定的。**最大起飛推力**爲「TOGA」，愈能夠抑制住TIT
（渦輪入口溫度）的推力，愈能達到經濟航運的效果，再加
上起飛重量、跑道狀態等因素所決定的起飛性能合稱「FLX」
（Flexible），可提供比**最大起飛推力減少5～25%的起飛推力**。
這些起飛推力的目標值EPR（引擎壓力比），則會依據OAT（外
氣溫度）及氣壓狀態自動計算出，並顯示在EW／D上。

　　不論是哪一種起飛推力，都不可能一次就完成設定。首
先，應先將動力操縱桿推至半分的推力，確認左右引擎接穩定
運轉後，再推至TOGA或FLX。這稱爲**二階段式設定**。其理由在
於防止從怠速開始加速可能導致的左右推力失衡。

　　特倫特700有個控制引擎加速的裝置，稱爲MEASTO。這個
裝置，讓動力操縱桿可以一口氣推至起飛推力位置而不會產生
任何問題。

　　當動力操縱桿被推至TOGA或FLX的位置，FCU（Flight
Control Unit）上的「A／THR」（Auto Thrust；自動推力控制系
統）按鍵就會亮燈，通知已完成自動推力控制的準備工作。接
著，包括改變爲爬升推力或是維持飛行速度等等，直到降落時
的推力控制，都可以由自動推力控制系統一手掌握。

設定起飛推力（空中巴士A330）

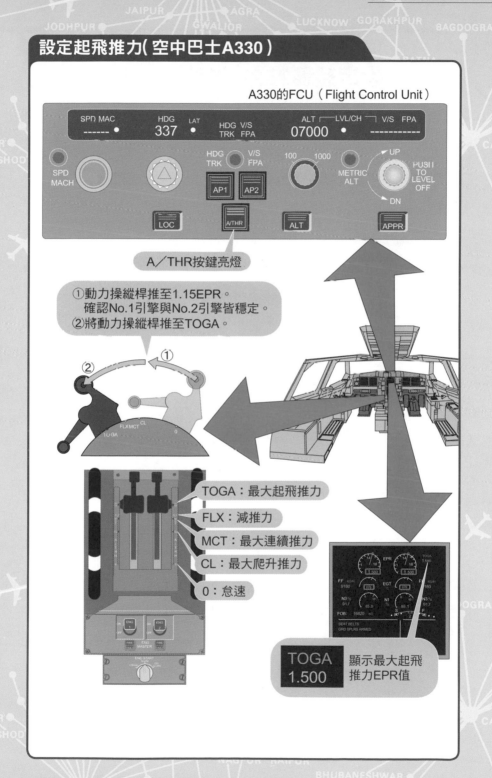

A330的FCU（Flight Control Unit）

A／THR按鍵亮燈

①動力操縱桿推至1.15EPR。
　確認No.1引擎與No.2引擎皆穩定。
②將動力操縱桿推至TOGA。

TOGA：最大起飛推力

FLX：減推力

MCT：最大連續推力

CL：最大爬升推力

0：怠速

TOGA
1.500　顯示最大起飛推力EPR值

6-13 設定起飛推力（波音777）
波音777的自動推力控制

　　以N_1為起飛推力目標值的波音777引擎起飛推力設定程序又是怎麼樣呢？波音機可不像空中巴士機的動力操縱桿那樣將所有額定推力的位置都固定好了。

　　首先，由飛行員將動力操縱桿推到起飛推力的一半，在這個階段，波音機與空中巴士機是相同的。特別是在跑道因積雪等因素造成地面溼滑時，或是在側風強勁的天候下，左右引擎加速差的不平衡，會使控制方向變得格外困難。因此，飛行員先以手動將操縱桿推至半分的出力位置，**等待左右引擎的EPR（引擎壓力比）及轉速皆已穩定，是非常重要的操作程序。**

　　接著按下動力操縱桿上的「TOGA」按鍵。一旦TOGA的按鍵ON，自動推力控制系統就會開始動作，動力操縱桿將自動推進至起飛推力的位置。其目標值為N_1，會顯示在EICAS螢幕的N_1計上，當實際的N_1值與目標N_1值一致，動力操縱桿即會停止。

　　要讓TOGA按鍵運作前，必須將MCP（Mode Control Panel）的「A／T ARM」（Auto Thrust Arm）鍵轉至ARM的位置。而且，波音777的自動推力控制，是由左右動力操縱桿獨立驅動，因此左右引擎皆有ARM鍵。此外，波音747的四支操縱桿是由一個馬達驅動，因此，若故障的引擎動力操縱桿是處於怠速位置，則自動推力控制系統就無法使用。

設定起飛推力（波音777）

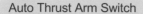
Auto Thrust Arm Switch

波音777的MCP（Mode Control Panel）

①動力操縱桿推至N₁的55%
　確認左右引擎已達穩定狀態
②TOGA Switch ON
③動力操縱桿自動移至起飛推力的位置

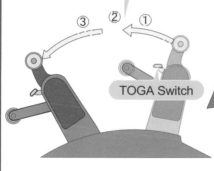

TOGA Switch

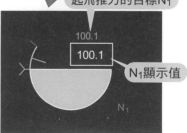

自動移至起飛推力的位置

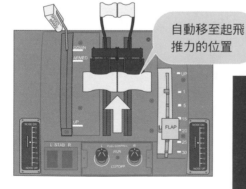

起飛推力的目標N_1

N_1顯示值

6-14 起飛推力與飛行速度
設定後就不可變動

　　不論是空中巴士機或是波音機，以時速40節（74km/h）到80節（148km/h）在地面滑行的時間內，就必須將起飛推力設定完成，且在起飛終了前，不能再次移動動力操縱桿。這是為什麼呢？

　　當飛機的速度愈快，引擎進氣的溫度與壓力也會愈高，因此，當速度愈快，EPR（引擎壓力比）就必須降低。而且，從右圖圖例中可看出，超過60節（111km/h）之後，EPR降低的比例就更明顯了。因為EPR的值會隨著速度提高而變小，例如，將起飛推力的EPR值1,500在速度為100節（185km/h）時設定，其設定值就會超過100節時EPR應有的1,496，造成**超增壓（Over Boost）**的可能。

　　此外，起飛推力的代號TOGA，為Take Off Go Arround的縮寫。即使引擎推力一樣大，也並不代表EPR值相同。所謂Go Arround（重飛），指的是飛機因為某些因素，必須中止進場，重新改為爬升的態勢。而重飛推力的EPR時間點，會相當於飛機在降落時進場速度180節（333km/h）左右的值。因此，雖然重飛推力與最大起飛推力差不多，**因為設定時的速度較快，其EPR就必須設定得較小**。

　　當速度為0節，也就是採下剎車的狀態下，是不能以最大起飛推力起飛的。因此，在實務中，通常會較建議起飛方式採用滾行起飛（Rolling Take-off），再視情況確認是否有必要停機起飛（Standby Take-off）。

起飛推力與飛行速度

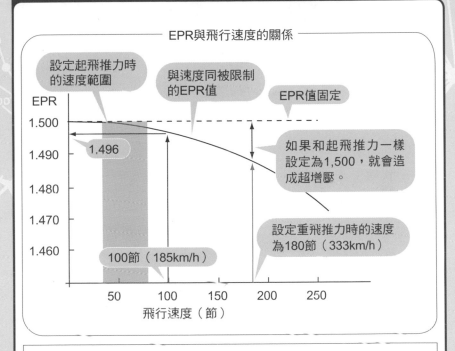

EPR與飛行速度的關係

設定起飛推力時的速度範圍

與速度同被限制的EPR值

EPR值固定

如果和起飛推力一樣設定為1,500，就會造成超增壓。

1.496

設定重飛推力時的速度為180節（333km/h）

100節（185km/h）

飛行速度（節）

必須將起飛推力設定在速度40～80節之間的原因
　推力的大小會受到引擎進氣溫度、氣壓、速度等影響。在起飛這種從靜止狀態到350km/h的速度變化中，必須固定速度，由氣溫與氣壓這兩項參數來決定起飛推力。但是，因為要到達起飛推力並非一蹴可幾，因此推力設定時的速度也訂為一個範圍。

速度為零時，不可設定起飛推力的原因
　・防止引擎湧振（特別是側風或順風時）
　・防止FOD（Foreign Object Damage，外物所造成的引擎損傷）
　・防止激烈加速所造成的不適感
　・防止剎車磨耗

滾行起飛（Rolling Take-off）
　在不剎車的狀態下，直接將引擎動力推至一半，邊加速邊設定起飛推力以完成就直接起飛的方式。

停機起飛（Standby Take-off）
　在半開引擎後才放煞車，邊開始加速邊設定推力的起飛方式。

6-15 開始起飛
當飛機達到幾個指標性速度時都應確認

　　終於要開始起飛了。讓我們跟著波音777，一起從跑道飛向天際。

　　首先，動力操縱桿推至N_1的55%，確認所有引擎儀表皆呈現穩定狀態。飛機開始緩緩加速，在速度來到50節（92km/h）前，按下「TOGA」鍵。這是因為如果速度在80節（148km/h）之內沒有達到起飛推力，則50節以上就無法再啟動自動推力控制系統了。

　　當速度表顯示80節（148km/h），副機長必須將速度表顯示的80節念出來。這是為了要確認起飛推力是否有正確設定，並核對機長與副機長的速度表並無差異。接著，將動力操縱桿「HOLD」暫時解除，讓動力操縱桿可以暫時脫離驅動馬達的控制而呈現自由的狀態。之所以要這麼做，是為了防止因為錯誤動作而造成起飛推力出現急遽變化。不但如此，若必須中止起飛時，飛行員將操縱桿移到怠速位置後也不會因為驅動馬達的緣故而再次推進至起飛位置。

　　飛機繼續加速直到駕駛艙聽見自動語音系統發出「V_1」的提示音，機長確定繼續起飛的決心後，將手放開動力操縱桿。當速度到達「V_R」時，開始將機首抬起使機輪離地。等到機輪以大於安全起飛速度的「V_2」通過距離跑道35英呎（10.7m）的高度，起飛的最初階段就算完成。

開始起飛

「Take Off」
・動力操縱桿：N1的55%
・TOGA鍵：ON

波音777

「V1」
・自動語音系統
・手離開動力操縱桿

「V2」
・飛行員讀出確認

80節：「80 knot」
・飛行員讀出確認
・起飛推力設定完成
・自動推力控制系統解除

「VR」：Rotate
・飛行員讀出確認

起飛速度	內容
開始起飛	推動動力操縱桿至55%的N1，確認引擎狀態穩定。
80節	起飛推力設定完成。將動力操縱桿移置「HOLD」模式。
V1（決定起飛速度）	決定要中止起飛、或是繼續起飛的臨界速度。
VR（拉桿速度）	可以揚起機首離開地面的速度。
V2（安全起飛速度）	飛機能夠安全爬升的最低速度。

起飛滑行時的引擎故障
什麼是臨界引擎（Critical Engine）？

在飛機起飛滑行時出現引擎故障，會發生什麼事呢？

當我們假設引擎故障時，也必須進一步假設是哪一個引擎發生故障。以右圖為例，當飛機起飛時遭遇到左方來的側風，飛機會如同**風向雞轉向原理**一樣，機首朝向風頭的左側轉動。而起飛時，位於側風風頭側的左引擎若發生故障，則除了風向雞轉向原理之外，再加上右引擎的出力，會使機首更加往左偏，對於飛機操縱是非常不利的條件。像這個例子中的左引擎，因為本身的故障而造成操縱上有害的影響，這就稱為**臨界引擎（Critical Engine）**。

在臨界引擎的狀態下要在跑道上直行，就必須如右圖般修正方向舵。此時要對抗的，是在左引擎推力為零，右引擎為起飛推力這樣力量懸殊的狀態下所造成的機首左偏。然而，升力與飛行速度成正比，當飛行速度慢，升力可能就會太小而導致無法利用方向舵修正方向。也就是說，**要維持飛機直行，有個最低速度的限制**。

像這樣一側的推力是零，另一側是起飛推力的力量差距下，要不採用前輪轉向而單純使用方向舵的舵面來控制速度讓飛機能夠繼續安全滑行的最小速度，稱為**最小可控速度**，以 V_{MCG}（MC；Minimum Control。G；Ground）表示。

起飛滑行時的引擎故障

透過右引擎的推力與方向舵的力量平衡，使飛機能夠直行。向這樣僅靠舵面的力量讓飛機能夠繼續安全滑行的最小速度，稱為V$_{MCG}$（最小可控速度）。

可容許的跑道中心線偏移量為30英呎（9.1m）

利用方向舵使機首產生向右的力量

方向舵向右轉。

風向

因為右引擎的推力造成機首向左轉

引擎故障！！當左方出現側風，飛機會如同風向雞一般機首向左轉，而在起飛時位於最不利操控的風頭側引擎，就稱為臨界引擎（Critical Engine）。

6-17 起飛速度V₁
是否確定起飛？時機問題

航空界常說：「沒什麼比後方的跑道更沒用了」。當引擎發生異常，是否要繼續起飛讓眼前的跑道能夠有效利用，就得看速度V_1了。

V_1是中止起飛所能容許的最大速度，同時也是能夠繼續起飛的最小速度。原因在於V_1愈快，停止所需的距離就會愈長；V_1愈慢，剩餘引擎要達到能夠抬起機首速度所需的加速距離就會愈長。決定中止起飛到飛機停止所需的距離稱為**加速停止距離**；要繼續起飛所需的距離則稱為**加速繼續距離**。不論是中止或繼續，這兩者所需的距離與V_1的關係可用右圖表示。從圖中可以看出，若速度選擇加速停止距離與加速繼續距離的交叉點，也就是V_1，則不但是最短距離，同時也會是相同的距離。像這樣能使繼續起飛與中止起飛的距離相同的V_1，就稱為Balance V_1。

正確來說，假設引擎故障發生在V_1的一秒鐘前，則不論是決定中止或繼續起飛，其所需距離都一樣。不過若要繼續起飛，飛機就必須通過跑道末端上方35英呎（10.7m）的上空。

此外，即便想以V_1的速度繼續起飛，若速度低於V_{MCG}，也會無法維持方向，最終也只能放棄起飛。也就是說，**決定是否起飛的速度必須要大於V_{MCG}**。而到達抬起機首的速度V_R卻還沒決定要起飛或中止同樣會造成問題，因此不能超過V_R。綜合上述，$V_{MCG} \leqq V_1 \leqq V_R$。

起飛速度V₁

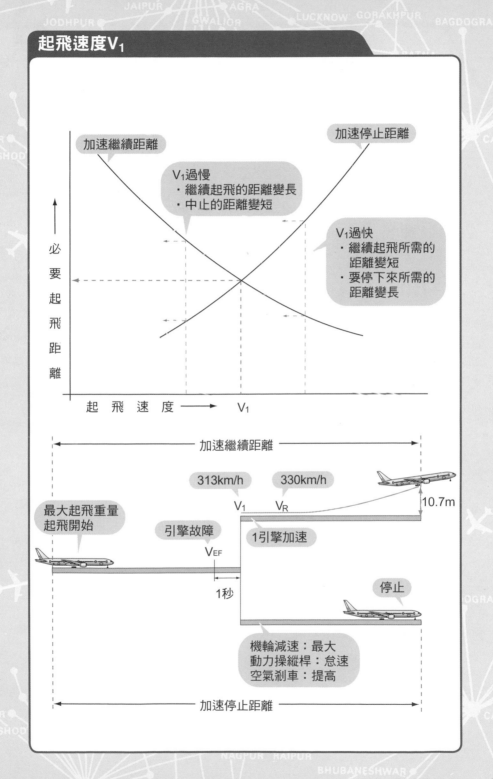

6-18 起飛推力的時間限制
包含了性能上的要求

　　這個章節我們將針對**起飛推力使用時間限制為5分鐘（有的為10分鐘）**的原因進行說明。

　　噴射客機的起飛，高度必須達到1,500英呎（450m），且飛機的狀態，應從起飛推力、起落架放下、襟翼於起飛位置的狀態，轉換到起落架及襟翼完全收起的飛航型態才算完成。此外，在高度達到400英呎（120m）之前，飛機必須維持起落架未收納的起飛模式，也就是說，在這個階段，不能進行動力操縱桿以及襟翼的操作。

　　通常在起飛開始後1到2分鐘，飛機會達到1,500英呎的高度，就算推力已經從起飛推力移至爬升推力，仍必須到襟翼收起，起飛才算完成。若是在引擎發生故障的情況下，到起飛完成可能就得多花一些時間。即便如此，仍必須在起飛推力時間限制的5分鐘內，將襟翼完全收起。若已轉換為空氣阻力較少的飛航模式，即便仍採用最大連續推力，只要上升至1,500英呎的高度，起飛就算終了。

　　也就是說，起飛推力限制只能使用5分鐘，其實是考量到**包括引擎構造的性能要求**。有的引擎可能無法在5分鐘之內轉換為飛航模式，因而將限制時間訂為10分鐘。普遍認為如果發生引擎故障就立刻返回原機場就可以了。然而有時候，依天候狀態不同，有時雖然可以起飛，但未必能夠降落，因此就算發生引擎故障，仍必須飛到其他機場降落，因此轉換為飛航模式是有其必要的。

起飛推力的時間限制

噴射客機的起飛指的是：
・從靜止狀態開始加速直到通過1,500英呎（450m）的上空。

或

・從起飛模式轉換到飛航模式。

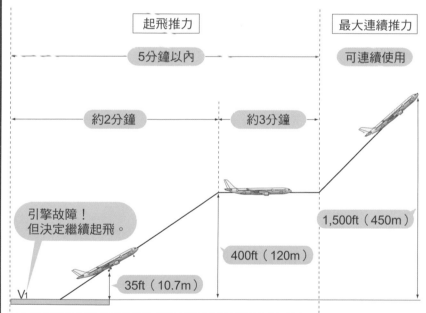

	第1階段	第2階段	第3階段	最終階段
起落架	放下	收起	收起	收起
襟翼	起飛位置	起飛位置	起飛位置→收起	收起
推力	起飛推力	起飛推力	起飛推力	最大連續推力

6-19 設定爬升推力（空中巴士A330）
自動推力控制系統

　　這次我們以空中巴士A330為例，一起確認如何設定爬升推力。起飛開始時，先將動力操縱桿推進至「TOGA」的位置，並將**自動推力控制系統設定為ARM（動作準備狀態）**，等高度來到1,500英呎（450m）或達到出發前所設定的高度，系統就**自動從起飛推力切換為爬升推力**。若引擎發生故障，則當襟翼完全收起後，起飛推力會自動切換為最大連續推力。

　　A330的自動推力控制系統並未與動力操縱桿連動，因此會在顯示飛機速度、姿勢、高度、方位等資訊的PFD（Primary Flight Display）上，指示將動力操縱桿設定至爬升推力的位置。這麼做不但是為了要讓引擎出力與操縱桿位置一致，同時也意味著在爬升推力運作前，必須使用推力。此外，A330的動力操縱桿上並沒有最大巡航推力的位置，表示空中巴士計並沒有將最大巡航推力設定為額定推力。

　　自動推力控制系統不只能自動設定起飛推力及爬升推力，當飛機即將失速（升力不足以支撐飛機重量，使得飛機失去速度或高度的狀態）時，也能夠以最大爬升推力進行加速。如右圖，因為自動駕駛系統與自動推力控制系統連動，因此也可以做垂直方向的自動引導。這個垂直方向的自動引導功能，在爬升或巡航時能發揮的功效或許並不顯著，但對於降低高度及進入跑道時設定開始下將高度的地點與下降角度、速度的維持等等，有著不可或缺的重要性。

設定爬升推力（空中巴士A330）

自動推力控制模式
到1,500英呎時，「LVR
CL」（操縱桿上升位置）
的訊息開始閃爍。

EW／D顯示「CLB」
（爬升推力）。

依照PFD的指示，
由飛行員手動將動
力操縱桿移置CL
（上升）的位置。

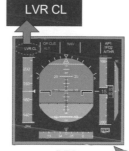

LVR CL

CLB

PFD

EW/D

在到達爬升推力前應控制推力。

爬升過程中，因為高度限制而暫時水
平飛行時，自動控制維持一定的速
度。當高度限制解除後，再次設定爬
升推力。

到達巡航高度

維持速度──►爬升推力

爬升推力──►維持速度

1,500英呎（450m）
起飛推力──►爬升推力

6-20 設定爬升推力（波音777）
Auto Throttle與VNAV

　　空中巴士機的自動推力系統稱爲「Auto Thrust」；波音機的自動推力系統則稱爲「Auto Throttle」。這個章節，我們就來看看波音777的自動推力系統從起飛推力到爬升推力的運作。

　　波音777也透過讓**自動推力系統與自動駕駛系統連動的方式來獲得垂直方向的自動引導功能**。不僅如此，爲了明確區分垂直方向與水平方向的功能，另外以VNAV及LNAV兩個按鍵來控制。V指的是垂直的Vertical，L則是水平的Lateral，NAV是Navigation（導航）的簡稱，因此，VNAV是垂直導航，LNAV則是水平導航。

　　導航是一種能夠告知駕駛安全、正確、迅速地到達目的地飛航路線的技術與方法。波音777等飛機所配備的導航不僅是像汽車導航系統般的二次元導航，而是能夠引導垂直方向的**三次元導航**。

　　在6-15說明過的自動推力系統，在設定起飛推力後到了速度超過80節，動力操縱桿可以暫時脫離驅動馬達的控制而呈現自由的狀態。當機輪離地，通過400英呎（120m）的高度，VNAV就會啓動，再次維持住起飛推力。接著，當到達1,500英呎（450m）或出發前所設定好的高度，自動推力系統會將動力操縱桿設定到爬升推力的位置。若是在引擎故障的狀態下起飛，在收起襟翼後，系統就會自動設定爲最大連續推力。

設定爬升推力（波音777）

自動推力模式
從「HOLD」切換為「THR REF」，在爬昇推力內由自動推力系統控制。

從「TOGA」轉變為「CLB」，顯示爬昇推力設定值。

到達1,500英呎，動力操縱桿會自動移動到爬升推力的位置。

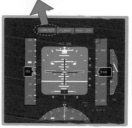

CLB
99.1

99.1　**實際顯示值**

PFD　　　　EICAS

LNAV（水平導航）鍵
為了得知水平方向航線資訊的按鍵。透過自動推力系統與自動駕駛系統，可以自動進行水平方向的引導。只要在出發準備時先設定為ARM，則起飛到達50英呎（15m）就會啟動。

MCP（Mode Control Panel）

VNAV（垂直導航）鍵
為了得知垂直方向航線資訊的按鍵。透過自動推力系統與自動駕駛系統，可以自動進行垂直方向的引導。只要在出發準備時先設定為ARM，則起飛到達400英呎（120m）就會啟動。

6-21 爬升推力有多大
高度與速度的影響

這個章節讓我們一起確認爬升推力之於飛行高度和飛行速度的變化關係。

我們在3-03曾經說明過淨推力：

（淨推力）＝（每秒吸入的空氣量）×（噴射速度－飛行速度）

從這個公式中，我們可以非常清楚地知道**淨推力的大小會受到進氣量及飛行速度影響**。

首先是進氣量。隨著飛行高度愈高，氣壓與空氣密度會愈低，因此即便進氣量相同，重量卻已減少。也就是說，淨推力會隨著高度增加而減小。另外，當外氣溫度愈高，空氣密度會愈低，淨推力也會愈小；相反的，當外氣溫度愈低，淨推力就會愈大。這個外氣溫度又會隨著高度提高而降低。

像這樣因氣壓降低而導致減少的淨推力，又藉由外氣溫度下降而獲得補充的關係，可用右上圖淨推力與高度的線性表示。從圖例中可以看出，原設定13噸的爬升推力，當到了氣壓為地面的26%，外氣溫度降到-50℃時，淨推力僅剩5.6噸，連一半都不剩。

其次是和飛行速度之間的關係。當飛行速度愈快，從前述公式可得知，淨推力會愈小。然而，當飛行速度超過600km/h（右下圖），大量空氣會擠壓進引擎進氣口，使得壓力自然上升，造成**衝壓效應**，淨推力反而隨著飛行速度愈快而增加。我們在4-02中也曾提過，為了能有效地利用衝壓效應，就得對引擎進氣口的形狀下一番工夫。

淨推力與高度

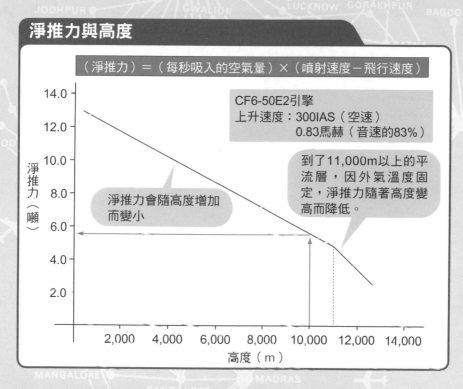

（淨推力）＝（每秒吸入的空氣量）×（噴射速度－飛行速度）

CF6-50E2引擎
上升速度：300IAS（空速）
0.83馬赫（音速的83%）

到了11,000m以上的平流層，因外氣溫度固定，淨推力隨著高度變高而降低。

淨推力會隨高度增加而變小

淨推力（噸）

高度（m）

淨推力與速度

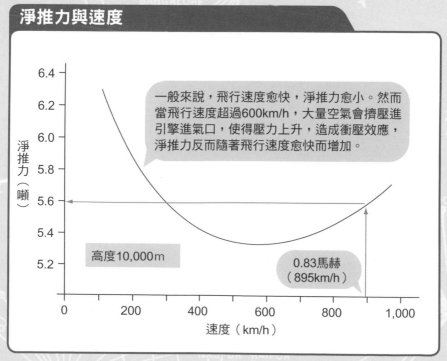

一般來說，飛行速度愈快，淨推力愈小。然而當飛行速度超過600km/h，大量空氣會擠壓進引擎進氣口，使得壓力上升，造成衝壓效應，淨推力反而隨著飛行速度愈快而增加。

淨推力（噸）

高度10,000m

0.83馬赫（895km/h）

速度（km/h）

6-22 剩餘推力與剩餘馬力
爬升坡度與爬升率

在正常飛行時，飛機通常會以能夠在短時間內上升到巡航高度的速度進行爬升。但若機場周邊有較高的障礙物或希望越過航線上的雷雨區，就必須以能夠獲得最適當爬升坡度的速度爬升。讓我們一起看看其中的差異。

爬升坡度指的是以距離換取高度的比例。例如爬升坡度為3%，指的是向前100m到達3m的高度。爬升坡度的大小，會受推力與空氣阻力的影響。引擎可發揮的推力稱為利用推力（Available Thrust）；而要能戰勝空氣阻力所需的推力，則稱為必要推力（Requested Thrust）。飛機要能爬升，利用推力必須大於必要推力。如右上圖所示，當剩餘推力（利用推力與必要推力的差）最大時，爬升坡度會最大。當飛機以爬升坡度最大的速度飛行，該速度即為**最佳爬升坡度速度**。

另一方面，不論爬升坡度多少，單純就幾分鐘之內可以上升到巡航高度，也就是爬升的速度，稱為**爬升率**。不論是力氣多大的人，如果慢慢來，那工作也不可能快，因此也必須要考慮到工作效率。這個工作效率，就要以馬力（Power）來區分。換句話說，爬升率並非比較力氣大小，而是比較引擎馬力與空氣阻力的馬力。當這兩者的差異愈大，爬升率也會愈大，此時的速度稱為**最大爬升速度**。一般而言，最大爬升速度會比最大爬升坡度速度還快一些。

最大爬升坡度速度

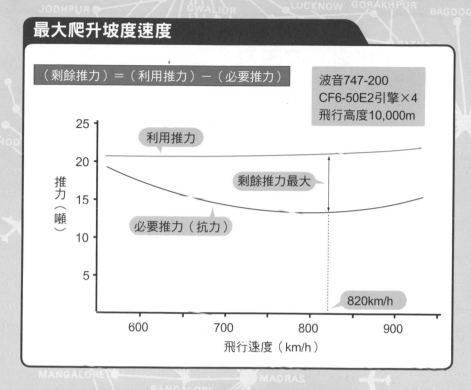

（剩餘推力）＝（利用推力）－（必要推力）

波音747-200
CF6-50E2引擎×4
飛行高度10,000m

利用推力

剩餘推力最大

必要推力（抗力）

推力（噸）

820km/h

飛行速度（km/h）

最大爬升率速度

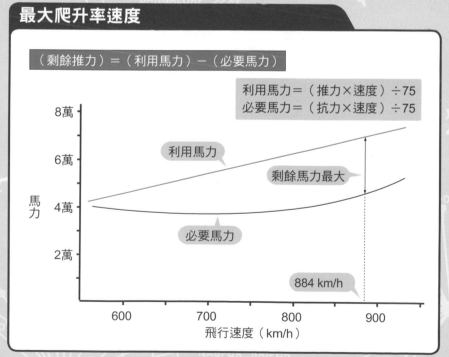

（剩餘推力）＝（利用馬力）－（必要馬力）

利用馬力＝（推力×速度）÷75
必要馬力＝（抗力×速度）÷75

利用馬力

剩餘馬力最大

必要馬力

馬力

884 km/h

飛行速度（km/h）

6-23 運用高度限度
能爬升到什麼程度？

　　搭載CF6-50E2的波音747-200能夠爬升到什麼程度呢？

　　CF6-50E2引擎高度與推力之間的變化關係，我們在6-21
曾提到一些。因為波音747是四引擎噴射機，因此推力值會有
四倍，兩者關係就會如右上圖。另一方面，飛機所需具備對抗
空氣的力量，也就是必要推力，則與高度無關，幾乎是個固定
值。原因在於正常飛行時，飛機會依速度計所指示的速度穩定
地爬升。

　　飛機的速度計，是將飛機所承受的風壓，更精確的說應該
稱為動壓，換算為速度的**空速計**。以動壓為基準的原因，是由
於我們必須考量與飛機所承受與動壓相互垂直的力道──升力、
和妨礙飛機前進的力道──阻力，這兩者必定存在的力量。而依
照空速計的指示穩定地上升，指的就是飛機在承受一定的動壓
下爬升的意思，因此這時的升力與阻力也應該是固定的。到了
12,000m以上，阻力急速增加的原因在於**因為空氣愈來愈稀薄，
為了得到足夠的升力，不斷向上抬升的機首，卻只會讓空氣阻
力愈來愈大，而無法維持250頓的重量。**

　　另外，右下圖是高度與利用馬力、必要馬力的變化。隨著
高度增加，剩餘馬力不斷的減少，使得爬升率漸漸下降。當爬
升率只剩零，則無法再繼續爬升。在實際飛行上，爬升率300英
呎/分鐘（91m/分鐘）以下的高度稱為**運用高度限度**，為可爬升
的最大高度。

剩餘推力與高度

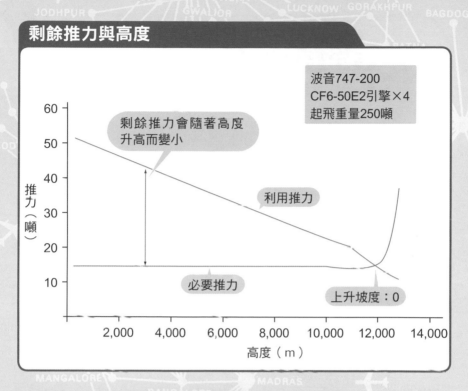

波音747-200
CF6-50E2引擎×4
起飛重量250噸

剩餘推力會隨著高度
升高而變小

利用推力

推力（噸）

必要推力

上升坡度：0

高度（m）

剩餘馬力與高度

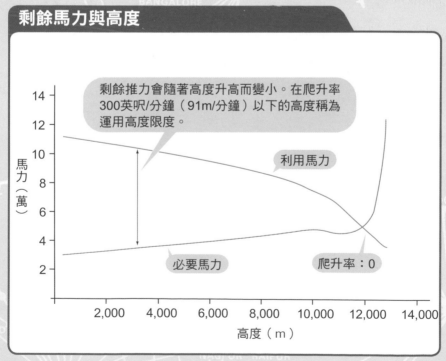

剩餘推力會隨著高度升高而變小。在爬升率
300英呎/分鐘（91m/分鐘）以下的高度稱為
運用高度限度。

利用馬力

馬力（萬）

必要馬力

爬升率：0

高度（m）

6-24 設定巡航推力
維持一定的速度

　　當飛機到達巡航高度，管理飛航的電腦會依據飛機重量及風勢等大氣狀態，計算出ECON速度（經濟速度），以進行經濟巡航。在此，讓我們一起看看如何設定以固定的速度進行巡航。

　　‧事先從引擎推力表計算出巡航速度與EPR（引擎壓力比）目標值

　　‧以最大爬升推力加速到比巡航速度快一些的速度‧將EPR設定值設定為比目標值小一些

　　接著，減速達到目標巡航速度的同時，提高EPR指示值以符合目標值，使飛航趨於穩定。這樣熟練的操作技巧，在自動推力控制系統尚未問世的時代是不可或缺的技能。**而現在，所有的操作都是自動控制，上述的操作也就不再需要了。**

　　空中巴士A330自動推力系統的推力控制方式，是將動力操縱桿停留在爬升推力的位置，在不超過最大爬升推力的範圍內，維持住一定的速度。波音777則是在比最大爬升推力還小一些的最大巡航推力以下的範圍內，由動力操縱桿自動控制來維持一定的速度。

　　飛機在巡航中受到上空溫度及風的影響，會使飛行速度產生變化。在這種情況下，若自動推力系統對於飛行速度的變化過於敏感而不斷調整推力，反而會讓油耗提高。為了防止這樣的情況，飛行速度的變化在3～4節（5～7km/h）的範圍內，自動推力系統會採取較不吹毛求疵的Soft Mode。

設定巡航推力（空中巴士A330）

Auto Thrust Mode
顯示「SPEED」模式。維持一定的速度。也有維持固定馬赫數的模式。

巡航時的最大利用推力就是最大爬升推力。

動力操縱桿停留在CL（爬升）的位置。

SPEED

為維持一定速度的EPR目標值。

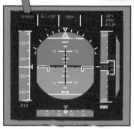

PFD

EW/D

設定巡航推力（波音777）

Auto Throttle Mode
顯示「SPD」模式。維持一定的速度。也有維持固定馬赫數的模式。

巡航時的最大利用推力就是最大爬升推力。

為維持速度，在最大巡航推力內，動力操縱桿自動運作。

SPD

為維持一定速度的N₁目標值。

PFD

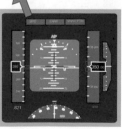

EICAS

6-25 巡航推力有多大
什麼是升阻比？

我們在1-07曾經提過，飛機以一定速度水平飛行時，升力與重力、推力與阻力，兩兩都維持著平衡狀態。以右上圖爲例，當飛機重量爲250噸，則升力也是250噸；當飛行速度爲0.84馬赫（892km/h）時的阻力爲14.2噸，則推力也必須是14.2噸。

要判斷所需推力有多大，就必須從升力與阻力的比例，也就是**升阻比**來做判斷。圖力中的升阻比爲250÷14.2，約爲18。這個數值意味著要讓250噸的飛機飛行，必須要有250噸的18分之1的力量。相對於升阻比約爲18的噴射客機，**沒有配備引擎的滑翔機升阻比則高達60**。

巡航中可利用的最大推力爲最大巡航推力（空中巴士A330則爲最大爬升推力）。若最大巡航推力小於必要推力，飛機則無法穩定地巡航。因此，要決定可巡航的最大高度時，必須連同考量爬升率在300英呎/分鐘（91m/分鐘）以下的運用爬升限度，和能夠在最大巡航推力內獲得巡航速度的高度。

但是，若巡航中引擎因爲故障而突然停止，則如右下圖示，即使將剩餘引擎設定爲最大連續推力也無法達到必要推力。若以這樣的狀態維持在原高度，會使速度急遽降低而造成支撐飛機的升力喪失，恐造成失速的危險。因此，**遇到這樣的狀況時，必須以最快的速度下降到讓最大連續推力大於必要推力的高度才行**。

必要推力vs最大巡航推力（四引擎飛機）

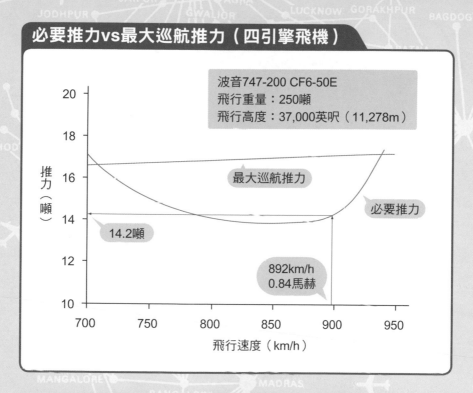

波音747-200 CF6-50E
飛行重量：250噸
飛行高度：37,000英呎（11,278m）

最大巡航推力

必要推力

14.2噸

892km/h
0.84馬赫

推力（噸）

飛行速度（km/h）

必要推力vs最大連續推力（三引擎飛機）

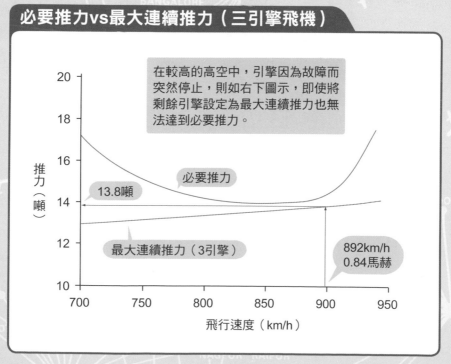

在較高的高空中，引擎因為故障而突然停止，則如右下圖示，即使將剩餘引擎設定為最大連續推力也無法達到必要推力。

必要推力

13.8噸

最大連續推力（3引擎）

892km/h
0.84馬赫

推力（噸）

飛行速度（km/h）

6-26 Drift down
巡航中發生引擎故障

　　在高空巡航發生引擎停止時，為了不讓飛機失速，必須要迅速地下降到剩餘引擎能夠安全巡航的高度。將剩餘引擎設定為比最大起飛推力更大的最大連續推力來執行下降，就稱為Drift Down。

　　若是空中巴士A330，必須先將自動推力系統關閉，以手動方式將動力操縱桿設定至MCT（最大連續推力）的位置。透過這個操作，不僅使自動推力系統不再控制推力，動力操縱桿的位置帶動了引擎控制裝置，使引擎能持續提供最大連續推力。當到達了調整後的巡航高度，在不改變動力操縱桿位於MCT的狀態下，啟動自動推力系統，讓飛機在低於最大連續推力的利用推力下，以能達到最佳續航距離的長程巡航（LRC；Long Range Cruise）速度維持飛行。

　　若是波音777，因它的自動推力系統是左右獨立的，所以必須先將停止側的自動推力系統關閉，正常的引擎則透過自動推力系統維持最大連續推力。當到達巡航高度時，以小於最大連續推力或最大巡航推力的推力，維持長程巡航速度繼續飛行。

　　Drift down時的速度會依實際狀況不同而異。當航線上有高山等障礙物時，為了讓下降率及下降角降到最低，必須以接近最小抗力的速度下降高度。當適用ETOPS（雙引擎飛機延程操作標準）規定時，就必須朝著能在180分鐘之內降落到機場的方向，以能力範圍內最快的速度（接近最大運用限度速度）下降。

清除障礙物

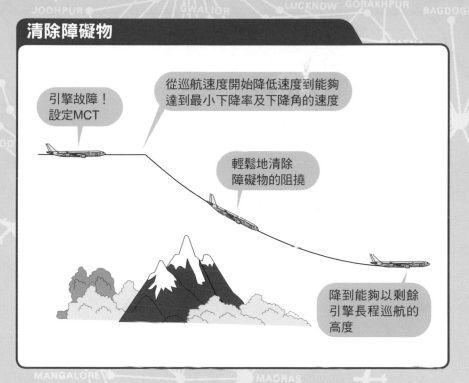

引擎故障！
設定MCT

從巡航速度開始降低速度到能夠
達到最小下降率及下降角的速度

輕鬆地清除
障礙物的阻撓

降到能夠以剩餘
引擎長程巡航的
高度

適用於ETOPS的飛航

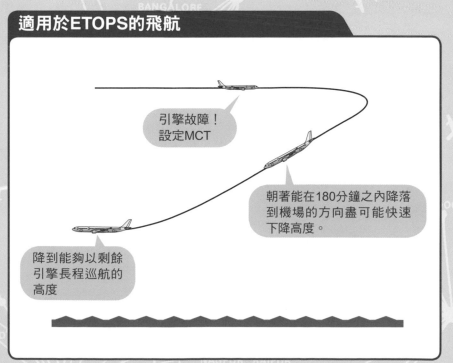

引擎故障！
設定MCT

朝著能在180分鐘之內降落
到機場的方向盡可能快速
下降高度。

降到能夠以剩餘
引擎長程巡航的
高度

6-27 ETOPS
雙引擎飛機的延程操作標準

　　我們在6-01中曾經提過，雙引擎飛機在長距離的海上飛行時，必須選定一個能在60分鐘內緊急降落的航線。將這60分鐘限制進一步擴張的，就是ETOPS規則。從往復式引擎到噴射引擎，ETOPS依序延伸爲120分鐘、180分鐘。在這個章節，我們就來看看實際上適用於ETOPS 180的航運是如何進行。

　　首先，要能適用ETOPS180規則，**飛機本身必須要是雙引擎飛機、三引擎飛機、四引擎飛機、或具有同等以上的信賴性。**同時，**不論是航線或是飛機狀態也都必須滿足ETOPS基準。**因此，即使該飛機符合ETOPS 180的認定標準，若它在飛行時的引擎停止率大於0.02次/1,000小時，則仍沒有資格適用ETOPS 180的認定標準。

　　右圖是實際飛航的例子。首先，從距離千歲機場60分鐘以上距離的地點開始擴張長程進出航運，也就是ETOPS的起始處。ETOPS的入口地點稱爲EEP（ETOPS Entry Point）。下一個重要的地點，是與到緊急降落機場所需時間相等的ETP（Equal Time Point）。若引擎發生故障，ETP就是決定要緊急降落在哪一個機場的基準點。最後，當飛機通過EXP（ETOPS Exit Point）時，ETOPS就算終了。

ETPS

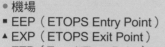

北太平洋航線的ETOPS 180運用實例

- ● 機場
- ■ EEP（ETOPS Entry Point）
- ▲ EXP（ETOPS Exit Point）
- ◆ ETP（Equal Time Point）

安哥拉治

ETP2
EXP1　　　EXP2
千歲　　　　　　　　EEP2
成田　　EEP1　ETP1　中途島

・從千歲出發，時間為60分鐘以上的地點，為適用於ETOPS航程的第一入口處EEP1。

・從EEP1開始為ETOPS。

・不論是往千歲或往中途導，所需時間都相同的地點為ETP1。

・ETP1前發生引擎故障，就應往千歲降落。

・ETP1後發生引擎故障，就應往中途島降落。

・從中途島出發，時間為60分鐘以內的地點，為ETOPS的第一出口處EXP1。

・從中途島出發，時間為60分鐘以上的第二入口，從EEP2起，又是另一個ETOPS的開始。

・ETP2前發生引擎故障，就應往中途島降落。

・ETP2後發生引擎故障，就應往安哥拉治降落。

・從安哥拉治出發，時間為60分鐘以內的地點EXP2，是ETOPS的最終出口。

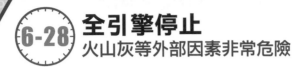

6-28 全引擎停止
火山灰等外部因素非常危險

　　一個以上的引擎突然同時停止的原因，幾乎不會是引擎本身的故障，**通常都是由於燃料枯竭等燃油供給問題，或火山灰等外部原因所造成。**

　　首先是燃料供給的問題。在外氣溫度非常低的空中長時間飛行，容易受外氣溫度影響的機翼油槽內燃料，其本身的黏性等特性會產生變化，很可能使得燃料無法從燃料槽送至引擎。若燃料無法供給，引擎當然就有停止的可能。因此，當燃料溫度接近-40℃，必須降低巡航高度（每下降1,000m，溫度上升6.5℃），或是提高飛行速度（每增加0.01馬赫，溫度上升約0.6℃）。

　　其次，就是**所有飛行員最害怕的火山灰**。當飛機進入火山灰，如右圖所示，包括機身、儀表、引擎等，都可能會受到非常不好的影響，最糟的狀況，就是會讓一個以上的引擎同時停擺。很遺憾的是，在飛機航行中，機上雷達很難發現火山灰的存在。因此，必須透過全世界九處的**火山灰諮詢中心（VACC）**取得最新資訊，避免航經有火山灰飛散的空域。

　　如果所有引擎都停止，飛行員必須啟動RAT（Ram Air Turbine；衝壓渦輪）以確保電源及油壓，並再次啟動引擎點火裝置，嘗試再啟動。等飛機降到空氣濃度較高的10,000m以下的高度，因為流入引擎的空氣量增加，再啟動成功的機率會高出許多。

全引擎停止

也有可能高達10,000m以上。

即使離噴火的火山有一段距離，火山灰還是有可能順著風勢被吹到遠處。當飛機在雲中飛行時，是很難發現火山灰的。

如果飛機飛進火山灰中？

- 前檔玻璃會呈現霧狀，造成視線不良。
- 機翼前緣變得不光滑，對飛行性能造成負面影響。
- 影響皮托管及靜壓孔，造成速度計及高度計的異常顯示。

關於引擎：

- 造成引擎整流板的重大損傷。
- 火山灰會像研磨劑一樣，將壓縮器的葉片磨耗，造成性能低下。
- 流入迴轉部或可動部分的火山灰可能造成潤滑不良或溫度提高。
- 在燃燒室內融化的火山灰冷卻後，附著於渦輪羽根，形成壓縮器迴轉及空氣流向紊亂，有造成湧振的危險。
- 燃料噴射噴嘴阻塞，使得燃料無法正確地噴射。

6-29 如何下降高度
靠引擎的力量是無法下降的

　　就算所有的引擎都停止，飛機也能夠平穩的降落。由此不難判斷，飛機並不需要靠引擎的力量下降。那麼，飛機是如何下降高度呢？

　　準備下降高度前，必須先將引擎推力改爲怠速。接著，推力與阻力之間的平衡受到破壞，飛機開始減速。當速度降低到下降高度的目標速度，則保持該速度飛行，機首準備向下。**傾斜的機首會產生一個飛機重量的分力，這個分力會成爲飛機向前的力量。**這就和沒有引擎的滑翔機前進是相同的原理。當向前的力量大於阻力，飛機開始下降。以右圖爲例，重量250噸的飛機開始下降高度時，當下降角度爲3.2°，就能產生戰勝14噸阻力的力量。

　　像這樣，將飛機位於高處時的位置能量轉換爲速度能量以達到下降高度的原理，是不需要引擎力量的。此外，也並非是利用減少升力的方法來達到下降高度的目的。這其實和爬升是一樣的，**不斷支撐著飛機免於地心引力的影響，是升力最重要的工作。**

　　然而我們在這裡並沒有考慮**引擎怠速推力**的大小。在這一點上，噴射客機就與沒有引擎的滑翔機不同，一定得要考量怠速推力的大小。我們就在下一節一起確認怠速推力吧。

如何下降高度

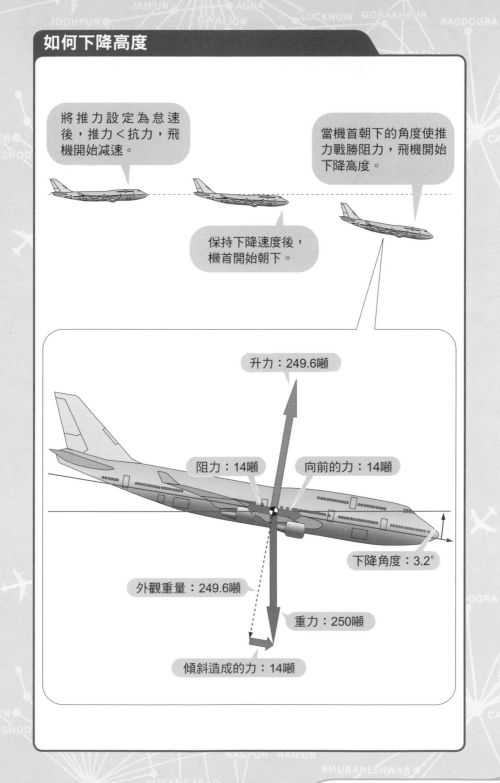

將推力設定為怠速後，推力＜抗力，飛機開始減速。

當機首朝下的角度使推力戰勝阻力，飛機開始下降高度。

保持下降速度後，機首開始朝下。

升力：249.6噸

阻力：14噸

向前的力：14噸

下降角度：3.2°

外觀重量：249.6噸

重力：250噸

傾斜造成的力：14噸

6-30 怠速推力有多大
引擎減速的功用？

　　為了要防止在高空怠速可能出現的引擎熄火並確保輔助動力裝置的轉矩，高空怠速的迴轉速度設定得比地面上的怠速還快。不過無論如何，下降高度時的怠速，是無法發揮淨推力的。讓我們來看看箇中原因。

　　飛機在飛行時所能發揮的推力稱為淨推力（Net Thrust），公式如3-03所示：

（淨推力）＝（每秒吸入的空氣量）×（噴射速度－飛行速度）

　　從這個公式可以知道，推力是由進氣量與噴射速度決定。因為進氣速度與飛行速度一樣，如果沒有將吸入的空氣以大於飛行速度的速度噴射，就無法形成空氣的運動。因此，怠速推力是無法產生空氣的反作用力，也就是說，怠速狀態**無法產生淨推力**。

　　假設，在11,000m的高空，怠速推力與飛行速度的關係如右圖。從這個圖可以看出，當飛行速度大於665km/h時，怠速推力就會變為負值；當在時速880km/h的飛行速度從11,000m下降，怠速推力會變為-483kg。**下降高度時的推力為負，會使推力成為妨礙前進的阻力**，就如同汽車在坡道時所採用的引擎減速。

　　保持一定的空速下降高度，也就意味著必須維持相同動壓。為了維持相同的動壓，遇到了空氣濃度較高的低空，實際的飛行速度就必須愈慢。因此，在較低空時，噴射速度應加快，才能夠將推力轉為正值。

怠速推力有多大

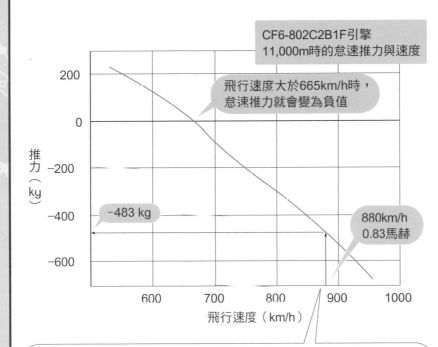

CF6-802C2B1F引擎
11,000m時的怠速推力與速度

飛行速度大於665km/h時，
怠速推力就會變為負值

推
力
（
kg
）

200

0

−200

−400

−483 kg

−600

880km/h
0.83馬赫

600　700　800　900　1000

飛行速度（km/h）

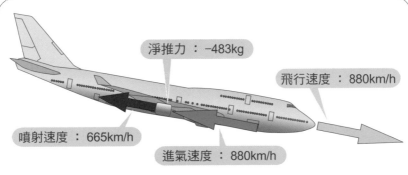

淨推力：−483kg

飛行速度：880km/h

噴射速度：665km/h

進氣速度：880km/h

（推力）＝（每秒吸入的空氣量）×（噴射速度−飛行速度）
所以，當噴射速度小於飛行速度，空氣就無法加速噴出。相反的，
空氣的阻塞造成減速的效果，此時負值的推力，變成了一種阻力。

6-31 降落也需要力量
必要推力高達起飛推力的30%

　　飛機要下降高度時，引擎可以怠速，但若要降落朝向跑道進場，則又必須借助引擎的力量了。到底需要多大的力量呢？

　　通常，飛機會以3°的斜角朝著跑道，進入**滑降台**（Glide Path）進行降落。準備進場降落時，飛機會由飛航模式改為襟翼就降落位置、起落架放下的降落模式。接著，在著陸前的平飄操作，必須再將機首仰起以維持支撐飛機的升力。因此，在降落模式的狀態下，飛機所遭受的阻力，其實也就是其相對的必要推力，會比航運模式時的必要推力大上好幾倍。

　　假設在巡航時的必要推力為約14噸，右圖的例子中，最後降落時所需的必要推力為29噸。也就是說，降落時所需推力高達約起飛推力的30%。不過，就如右圖所示，降落與爬升不同，當飛機降落時，**由飛機重量所產生的分力會變成一股向前的力量**，因此，雖然必要推力有那麼多，實際上引擎並不需提供到29噸的推力。在進場角度3°、飛機重量250噸所產生的分力為13噸，因此，實際上引擎只需要再分擔16噸的力量即可，約相當於起飛推力的15%。

　　此外，當襟翼降下時，作為升力作用點的**風壓中心**會往前移；且不論飛機姿勢如何，升力都會與飛行方向垂直。因此，即使飛機的機首朝上，也不會像6-29所介紹的爬升時那樣把重力的分力變成了阻力。

降落也需要力量

飛機朝著跑道以3°的斜角向下開始進場降落。因為改為襟翼就降落位置、起落架放下的降落模式，使得阻力增加，加上飛行速度降低，為了維持支撐飛機的升力，此時必須將機首上揚，提高抗力。種種狀態，使得進場時的必要推力會大於巡航推力。

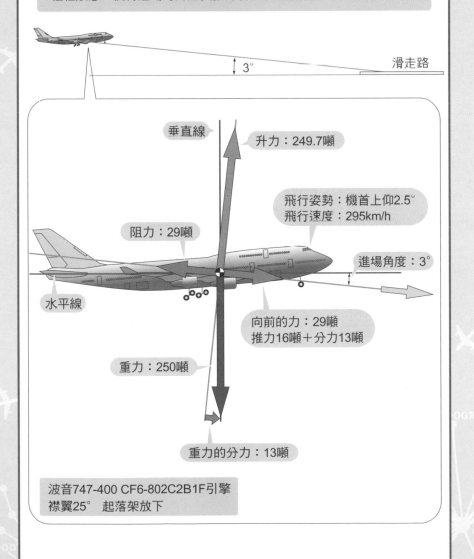

垂直線
升力：249.7噸

飛行姿勢：機首上仰2.5°
飛行速度：295km/h

阻力：29噸

進場角度：3°

水平線

向前的力：29噸
推力16噸＋分力13噸

重力：250噸

重力的分力：13噸

波音747-400 CF6-802C2B1F引擎
襟翼25° 起落架放下

3°

滑走路

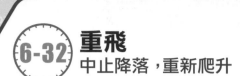

　　一般而言，起飛中止的發生頻率並不高，但降落中止的狀況卻時常發生。原因通常是因為起霧或下雪，使得飛機即使已經下降到**決定高度（進場的臨界限，從跑道平面開始算的高度）**，**仍無法辨識跑道等降落目標**。遇到這種狀況，就必須中止降落，以重飛推力再次爬升。

　　現在假設飛行員在決定高度為100英呎（30m）時決定中止降落。降落前是以3m/秒的速度下降，如果要調整為重飛推力必須花費10秒鐘，就有可能在能夠爬升時接觸到地面。因此，所有的飛機從引擎怠速轉換到重飛推力，都必須可以在8秒內完成加速。特別是風扇較大的引擎，為了解決加速的問題，有時會將進場時的怠速轉速設定較高，實際上會以最大推力15%的動力進入跑道，**因此可以在幾秒內就加速到重飛推力**。

　　空中巴士A330的重飛操作，必須以手動方式將動力操縱桿推至TOGA的位置。接著，加速到重飛推力的同時，再將自動推力系統設定為ARM（動作準備狀態），接著，只要達到指定的高度，就會自動設定為爬升推力。波音777的重飛操作則是按下TOGA鍵，即自動設定為能達到固定爬升率的推力。不過，若此時因為風勢的變化導致飛機無法得到固定的爬升率，就必須再按一次TOGA鍵以加速到重飛推力。接著就與空中巴士機一樣，達到指定的高度後，就會自動設定為爬升推力。

重飛

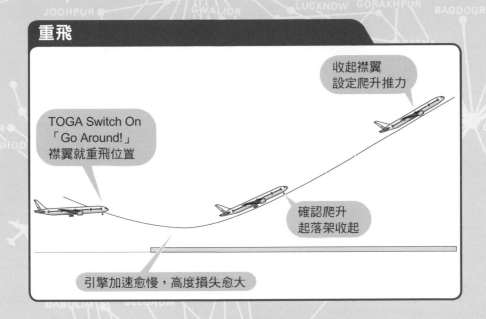

收起襟翼
設定爬升推力

TOGA Switch On
「Go Around!」
襟翼就重飛位置

確認爬升
起落架收起

引擎加速愈慢，高度損失愈大

空中巴士A330

手動設定

以手動方式推至TOGA 位置，
· 加速到重飛推力
· PFD顯示重飛姿勢
· 自動推力系統ARM
· 到達指定高度就會自動設定為爬升推力

波音777

自動設定

按下TOGA鍵，
· 自動推力系統控制適合該飛行狀況的推力
· PFD顯示重飛姿勢
· 到達指定高度就會自動設定為爬升推力

按二次TOGA鍵，
· 加速至重飛推力

國家圖書館出版品預行編目資料

噴射機引擎的科學 / 中村寬治著；溫欣潔
譯 . -- 初版 . -- 臺中市：晨星 , 2013.10
面； 公分 . -- (知的；66)

ISBN 978-986-177-752-8(平裝)

1. 噴射機

447.75   102014919

知
的
！
66

噴射機引擎的科學

作者	中村寬治
審訂	賴維祥
譯者	溫欣潔
編輯	劉冠宏
校對	張云瑄、林妤璟
美編編輯	王志峯
封面設計	陳其煇

創辦人	陳銘民
發行所	晨星出版有限公司
	台中市 407 工業區 30 路 1 號
	行政院新聞局局版台業字第 2500 號
法律顧問	陳思成律師
初版	西元 2013 年 10 月 31 日
再版	西元 2019 年 04 月 30 日（五刷）

總經銷	知己圖書股份有限公司
	台北市 106 辛亥路一段 30 號 9 樓
	TEL：(02) 23672044／23672047　FAX：(02) 23635741
	台中市 407 工業 30 路 1 號 1 樓
	TEL：(04) 23595819 FAX：(04) 23595493
	E-mail：service@morningstar.com.tw
	網路書店 http://www.morningstar.com.tw
郵政劃撥	15060393（知己圖書股份有限公司）
讀者專線	04-2359-5819#230
印刷	上好印刷股份有限公司

定價 290 元

407
台中市工業區 30 路 1 號

晨星出版有限公司

更方便的購書方式：

（1）網站：http://www.morningstar.com.tw
（2）郵政劃撥　帳號：15060393
　　　　　　戶名：知己圖書股份有限公司
　　　請於通信欄中註明欲購買之書名及數量
（3）電話訂購：如為大量團購可直接撥客服專線洽詢

◎ 如需詳細書目可上網查詢或來電索取。
◎ 客服專線：04-23595819#230　傳真：04-23597123
◎ 客戶信箱：service@morningstar.com.tw

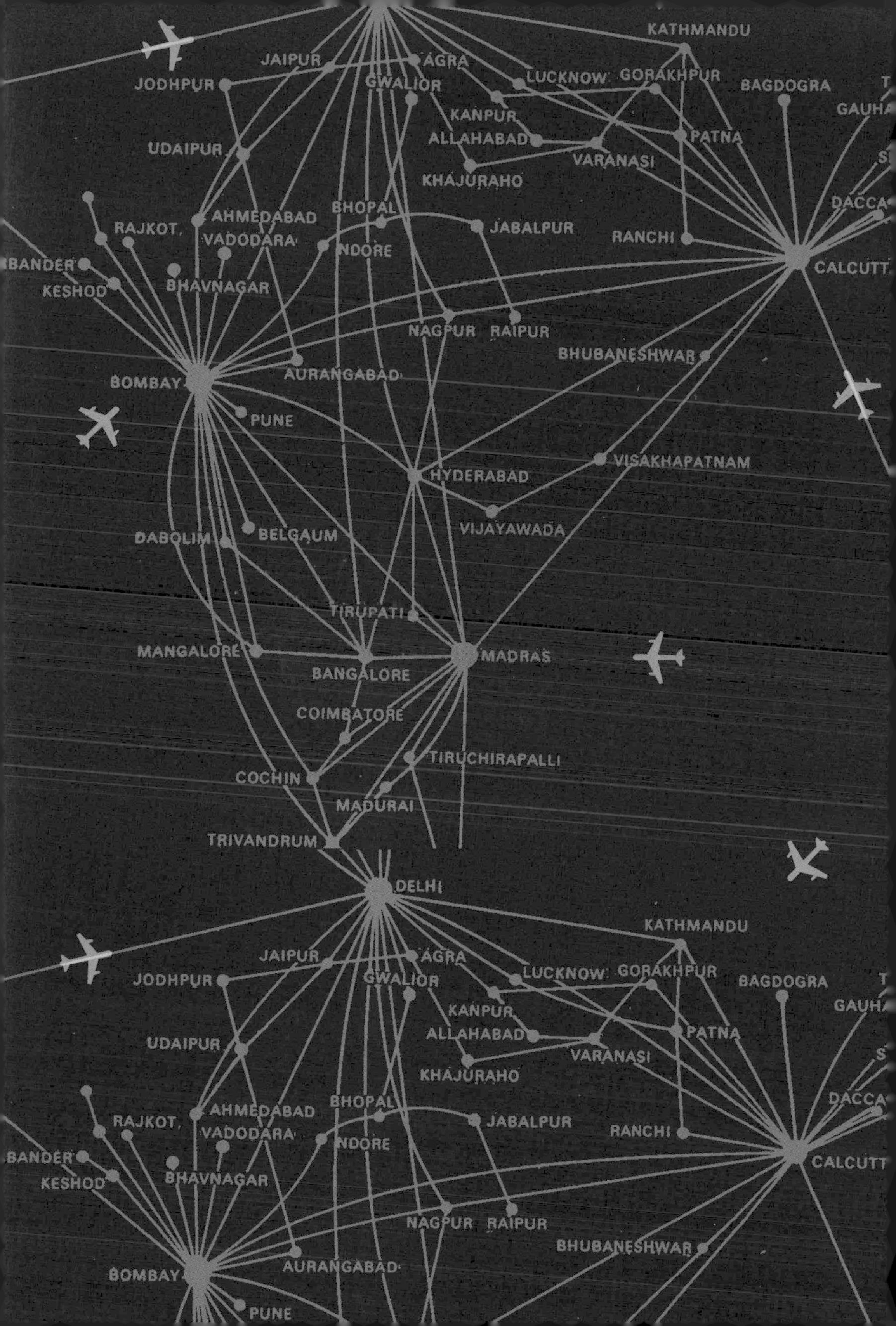
KATHMANDU
JAIPUR
AGRA
JODHPUR
GWALIOR
LUCKNOW
GORAKHPUR
BAGDOGRA
KANPUR
ALLAHABAD
PATNA
UDAIPUR
VARANASI
KHAJURAHO
BHOPAL
DACCA
AHMEDABAD
RAJKOT
VADODARA
JABALPUR
RANCHI
INDORE
KESHOD
BHAVNAGAR
NAGPUR
RAIPUR
BHUBANESHWAR
BOMBAY
AURANGABAD
PUNE
VISAKHAPATNAM
HYDERABAD
VIJAYAWADA
DABOLIM
BELGAUM
TIRUPATI
MANGALORE
MADRAS
BANGALORE
COIMBATORE
TIRUCHIRAPALLI
COCHIN
MADURAI
TRIVANDRUM
DELHI
KATHMANDU
JAIPUR
AGRA
JODHPUR
GWALIOR
LUCKNOW
GORAKHPUR
BAGDOGRA
KANPUR
ALLAHABAD
PATNA
UDAIPUR
VARANASI
KHAJURAHO
BHOPAL
AHMEDABAD
RAJKOT
VADODARA
JABALPUR
RANCHI
INDORE
KESHOD
BHAVNAGAR
NAGPUR
RAIPUR
BHUBANESHWAR
BOMBAY
AURANGABAD
PUNE

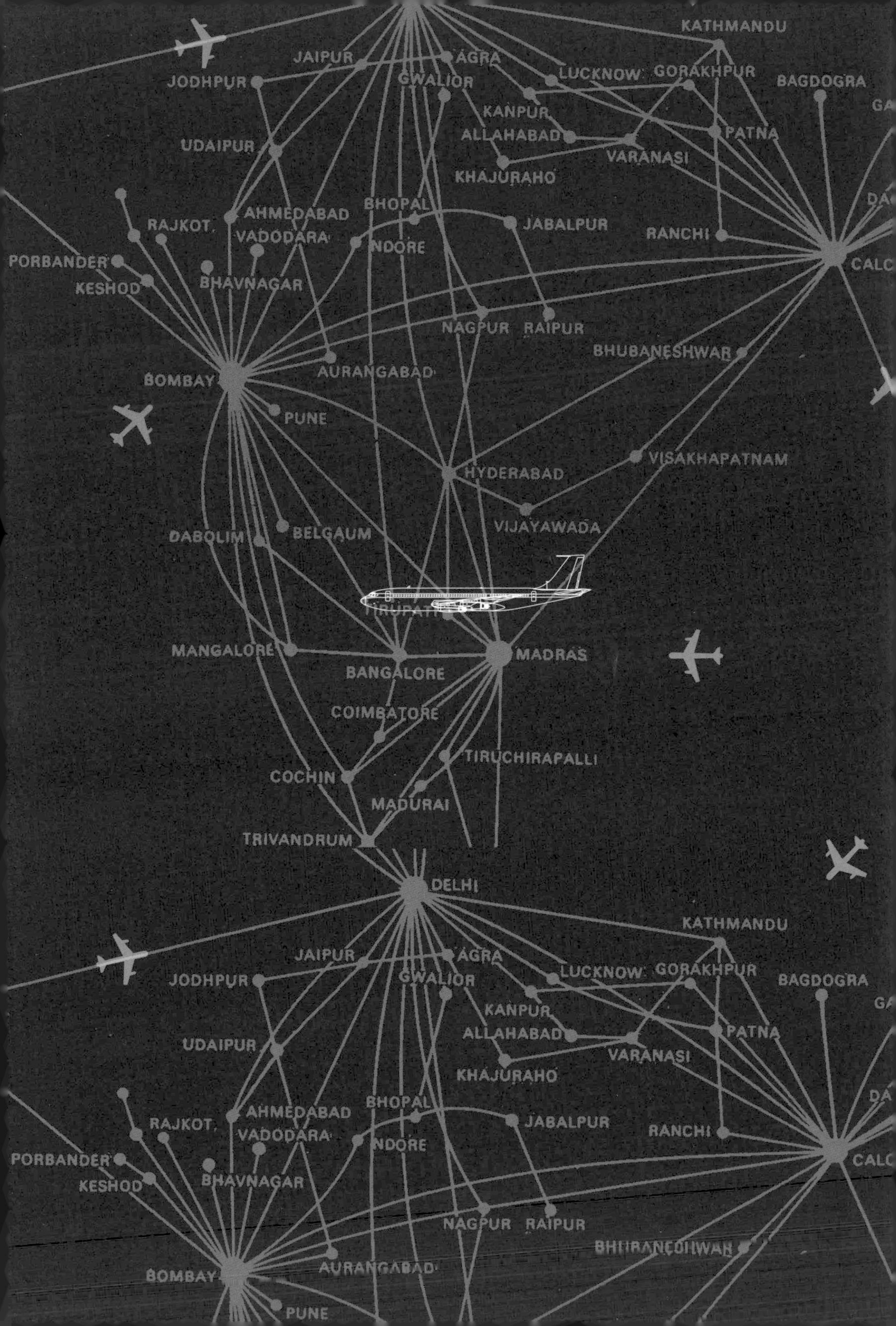
KATHMANDU
JAIPUR
AGRA
GWALIOR
JODHPUR
LUCKNOW
GORAKHPUR
BAGDOGRA
KANPUR
ALLAHABAD
PATNA
UDAIPUR
VARANASI
KHAJURAHO
BHOPAL
AHMEDABAD
JABALPUR
RAJKOT
VADODARA
INDORE
RANCHI
PORBANDER
KESHOD
BHAVNAGAR
NAGPUR
RAIPUR
BHUBANESHWAR
BOMBAY
AURANGABAD
PUNE
HYDERABAD
VISAKHAPATNAM
VIJAYAWADA
DABOLIM
BELGAUM
MANGALORE
BANGALORE
MADRAS
COIMBATORE
TIRUCHIRAPALLI
COCHIN
MADURAI
TRIVANDRUM
DELHI